KB028733

효소 도사 김시한 원장의

달지 않은 명품 효소 만들기

효소 도사 김시한 원장의

달지 않은 명품 효소 만들기

초판 1쇄 발행 2013년 9월 15일
초판 15쇄 발행 2018년 1월 16일
개정판 2쇄 발행 2020년 3월 6일

지은이 김시한
펴낸이 金湞珉
펴낸곳 북로그컴퍼니
편집부 김옥자 김현영 김나정
디자인 김승은 송지애
마케팅 김정호
경영기획 김형곤
주소 서울시 마포구 월드컵북로1길 60(서교동), 5층
전화 02-738-0214
팩스 02-738-1030
등록 제2010-000174호

ISBN 979-11-89166-68-7 03590

잘못된 책은 구입하신 곳에서 바꿔드립니다.
이 책은 북로그컴퍼니가 저작권자와의 계약에 따라 발행한 책입니다. 저작권법에 의해 보호받는 저작물이므로,
출판사와 저자의 허락 없이는 어떠한 형태로도 이 책의 내용을 이용할 수 없습니다.
이 도서의 국립중앙도서관 출판예정도서목록(CIP)은 서지정보유통지원시스템 홈페이지 (http://seoji.nl.go.kr)와 국가자료
공동목록시스템(http://www.nl.go.kr/kolisnet)에서 이용하실 수 있습니다.(CIP제어번호: CIP2019003315)

효소 도사 김시한 원장의

달지 않은 명품 효소 만들기

김시한 지음

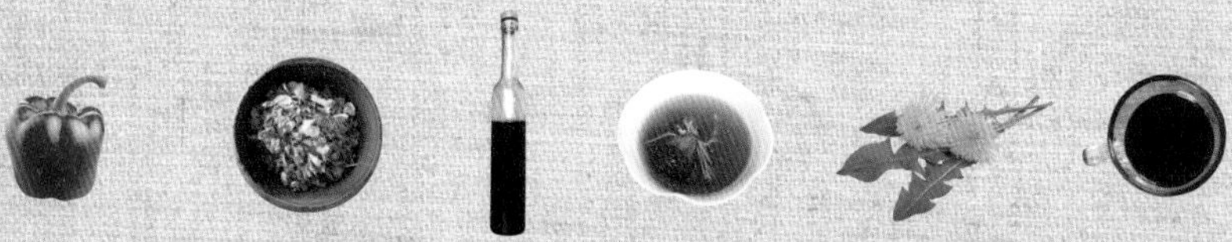

북로그컴퍼니

책을 펴내며

20여 년 전, 마음공부를 위해 산에 들어갔다가 그곳에서 만난 스승님을 통해 처음으로 발효 효소를 알게 되었다. 정신 수양을 위해서는 먹거리가 아주 중요한 부분을 차지하는데, 가볍게 먹어야 몸은 물론 정신도 맑아지기 때문이다. 이런 이유로 옛날부터 산에서 공부하던 사람이나 스님들은 산야초를 이용해 효소를 만들어 먹었다. 또한 효소를 배우고 만드는 일이 수련 과정의 하나이기도 했다.

그 후 지속적으로 산야초로 발효 효소 만드는 것을 배우고 연구하는 한편, 포도와 사과 등을 이용한 과일 발효 효소도 연구했다. 다양한 재료를 이용한 효소 만들기 경험이 쌓이자, 천궁과 당귀처럼 수분이 전혀 없는 한약재로도 발효 효소를 만들 수 있게 되었다.

불과 10년 전까지만 해도 발효 효소를 아는 사람은 극히 드물었다. 최근 방송과 각종 신문에서 발효 효소의 가치를 집중 조명하며 일반 대중들에게 널리 알려진 것은 반가운 일이다. 하지만 그중에는 잘못된 정보가 많아 오히려 부작용이 속출하고 있다.

매실 효소가 좋다고 하니, 매실 수확기인 6월이 되면 시장이나 마트에서는 매실과 설탕, 유리병 등을 세트로 판매하는데 그것을 구입하는 사람 중 대다수가 잘못된 방법으로 효소를 만들고 있어 안타까울 뿐이다. 이는 아직도 발효 효소에 대한 과학적이고 체계적인 연구, 그에 따른 성과물의 축적이 이루어지지 않았기 때문이다. 심지어는 각종 산야초와 과일 등으로 발효 효소를 담그는 사람들조차 '효소'와 '발효 효소'의 차이를 모르고 있는 실정이다.

이에 20여 년간의 연구와 실질적인 실험(몸에 좋은 발효 효소를 만들기 위한 실험)을 통해 얻은 노하우를 많은 사람들과 나누기 위해 책을 내기로 마음먹게 되었다. 지금도 발효 효소에 대한 관심이 높지만 더 많은 사람들이 제대로 된 발효 효소를 배움으로써, 건강한 몸과 마음을 가지고 생명 활동을 할 수 있도록 돕고 싶었기 때문이다.

이 책에는 내가 20여 년간 직접 만들어온 발효 효소 47가지를 효능별로 5개의 장에 나누어 소개했다. 각 식물의 특징과 효능은 무엇인지, 효소 담글 때 설탕의 비율은 어떻게 맞추는지, 원재료는 어떻게 손질해 어떻게 썰어서 버무리는지, 발효 기간과 숙성 기간은 얼마나 걸리는지 등을 상세히 적었다. 각 장의 주제는 〈위와 장을 튼튼하게 하는 건강 효소〉 〈항암 효과 뛰어난 효소〉 〈고혈압, 당뇨, 기관지에 좋은 효소〉 〈도시에서도 쉽게 담글 수 있는 효소〉 〈동안 피부 만들어주는 효소〉이다.

그러나 실제로 담그기에 들어가기 전에 1장 〈효소 만들기 기초 특강〉을 꼭 읽어주었으면 한다. 내가 만드는 발효 효소가 왜 다른 분들이 만든 것에 비해 달지 않은지, 그 원리는 무엇인지를 설명하고 있기 때문이다. 또한 효소가 왜 우리에게 필요하며, 발효 효소와 설탕은 무슨 관계가 있는지에 대한 내용도 담았다. 특히, '김시한 식 명품 효소 만들기'에서는 원재료 준비부터 다듬는 방법, 썰고 버무리고, 용기 바닥에 설탕 까는 법, 효소액 마시는 법, 곰팡이가 생겼을 때의 대처법 등을 아주 자세히 다루었는데, 각 과정에서 일일이 설명하기 어려운 부분이므로 효소 담그기를 하기 전에 꼭 읽어두면 직접 담그면서 생기는 의문점들이 많이 해결될 것이다.

발효 효소 만드는 방법은 이론상으로는 무척 간단해 보인다. 하지만 10년 이상 강의를 다니며 실습을 해보면, "이거 참 쉽네요." 하며 만들지만 결과물이 좋게 나오지 않는 걸 보고 간단하지 않다고 느끼는 경우를 정말 많이 본다. 원재료가 좋은 약성을 가진 효소로 바뀌기까지는 많은 시간과 노력이 필요한데 너무나 많은 사람들이 그것을 간과하고 있기 때문이다.

다른 모든 일이 그렇듯, 발효 효소 역시 제대로 된 방법으로 만든 뒤 자주 살펴보고 사랑하는 마음으로 보살피는 정성이 더해졌을 때 그것을 먹는 사람도 건강과 행복을 유지할 수 있을 것이다. 이 책을 읽는 독자들이 기술적인 면뿐 아니라 마음과 정성을 더한 좋은 발효 효소를 만날 수 있기를 기원해본다.

2013년 가을

김시한

01

효소 만들기 기초 특강

- 잘 만든 효소는 달지 않다
- 효소, 왜 중요한가?
- 발효 효소가 답이다
- 발효 효소와 설탕의 관계
- 잘 만든 명품 발효 효소란?
- 발효 효소 만들기 준비 과정
- 김시현 식 명품 효소 만들기
- 효소액 마시는 법 & 곰팡이 대처법

잘 만든 효소는 달지 않다

발효 효소의 당도

2013년 봄, 한 TV 프로그램에 효소 도사로 출연한 적이 있다. 방송이 나가자마자 하루에 수백 통의 전화가 걸려왔다. 각종 언론사의 취재 요청과 강연 요청, 그리고 방송에서 소개한 나의 발효 효소 만드는 법을 더 자세히 알고 싶어하는 사람들의 문의 전화였다. 그중에는 당뇨병 환자들의 전화가 유독 많았다.

그날의 방송 내용은 '무엇이든 효소'였다. 나는 발효 효소를 만들 수 있는 환경만 충족된다면 어떤 재료로든 발효 효소로 만들 수 있는데, 이는 모든 생명체에 효소가 포함되어 있기 때문이다. 방송 촬영을 위해 그간 만들어놨던 고추 효소, 쇠비름 효소, 하수오 효소, 커피 효소 등 다양한 효소를 준비했고, 현장에서는 고추 효소 만드는 법을 선보였다. 내가 발효 효소 만드는 방법이 다른 사람들과는 다른 부분이 있기 때문에 현장에 있던 전문 패널들이나 방송을 시청한 분들이 많은 관심을 가졌던 듯하다.

특히, 방송에서 당도 측정계로 내가 만든 고추 효소와 시중에서 판매하는 발효 효소의 당도를 측정했는데, 그 결과가 상당히 흥미로웠다. 내가 만든 고추 효소의 당도가 14.8브릭스인 반면 시중에서 판매하는 효소의 당도는 54브릭스가 나왔다. 패널로 출연했던 요리 전문가의 말에 따르면 보통 음식을 먹었을 때 달다고 느끼는 브릭스의 기준은 20이라고 한다.

현대인들은 건강한 몸, 그리고 건강한 식생활을 위해 되도록 단 음식을 피하려고 한다. 하물며 건강해지기 위해 섭취하는 발효 효소의 당도가 54브릭스라니! 그것은 발효 효소라기보다는 설탕물에 가까운 것이다.

단맛이 너무 강한 발효 효소는 건강의 적이다

발효 효소가 몸에 좋다고 하니 인터넷 등에서는 발효 효소에 대한 검증되지 않은 각종 설(說)들이 사실인 양 오도(誤導)되고 있다. 효소 관련 서적을 봐도 잘못된 부분이 종종 눈에 띈다. 특히 당도와 관련된 부분이 더욱 그렇다. 인터넷이나 일부 책에서는 발효 효소의 적정 당도가 40~50브릭스라고 하는데, 이는 절대 옳은 주장이 아니다.

그 정도로 당도가 높은 발효 효소를 당뇨병 환자가 음용하게 된다면, 그 사람의 건강은 누구도 장담할 수 없게 될 것이다. 의학계에서는 당뇨 환자들에게 당분이 높은 음식은 무조건 피하라고 조언한다. 하물며 과일 중에서도 사과(17브릭스), 포도(18브릭스) 등 당도가 높은 것은 혈당 수치를 증가시키는 원인이 될 수 있기 때문에 삼가야 할 음식으로 분류한다.

우리가 발효 효소를 만들어 먹는 궁극적인 목표는 바로 '건강한 몸'을 위해서다. 그렇기 때문에 좋은 발효 효소를 만드는 방법을 제대로 배우는 것이 무엇보다 중요하다. 지금까지 알려졌던 방법으로 만든 발효 효소, 즉 당도가 너무 높아 설탕 맛이 강하게 나는 발효 효소는 잘 만들어진 것이 아니다. 당도가 너무 높은 발효 효소를 섭취하게 되면, 당뇨병 환자의 혈당 수치는 높아져 병세가 악화될 수 있다. 또한 고혈압이나 고지혈증 환자에게도 치명적이라는 연구 결과가 있다.

같은 양의 설탕을 넣어도 달지 않은 이유

내가 만든 효소가 달지 않은 이유는 설탕을 적게 넣었기 때문이 아니다. 나 역시 거의 대부분은 원재료와 설탕의 비율을 1:1로 맞춘다. 물론 원재료가 당분을 많이 가지고 있는 경우엔 1:0.8의 비율이 되기도 하고, 어떤 경우엔 원재료보다 설탕이 더 들어가기도 한다.

그런데 TV에 브릭스 관련 내용이 나가고 난 뒤 의외의 항의 전화를 많이 받았다. 내가 만든 효소의 브릭스가 낮은 것만 보고 설탕을 적게 넣어서 만든다고 잘못 판단한 사람들이었다. 그들은 원재료와의 비율은 무시한 채 무조건 설탕을 적게 넣고 담갔다가 곰팡이가 번져 부패해버렸다는 하소연을 많이 했다.

그런 이야기를 들을 때마다 안타까운 마음이 들었다. 중요한 것은 무조건 설탕을 적게 넣는 것이 아니라, 같은 양의 설탕이라 하더라도 언제 어떻게 넣어주느냐 하는 방법인 것이다.

설탕은 삼투압과 발효를 고려해 넣는다

나는 동량의 설탕을 처음에 다 넣지 않는다. 그 이유는 삼투압과 발효가 동시에 일어나야 이상적인 효소가 만들어진다는 것을 오랜 경험으로 깨달았기 때문이다.

재료가 원하는 것보다 적은 양의 설탕이 들어가면 삼투압 과정 없이 바로 발효가 이루어진다. 그러면 알코올이 생겨나고 이후 식초가 되어버린다. 설탕을 많이 넣으면 삼투압은 일어나지만 미생물이 죽어버리기 때문에 발효가 이루어지지 않는다.

그래서 삼투압의 원리와 미생물이 잘 살 수 있는 기본 상태를 만들어주기 위해 처음 담글 때는 50% 또는 60% 정도의 설탕만 사용하는 것이다. 나머지 50% 또는 40%의 설탕은 발효 과정에서 미생물의 먹이로 쓰기 위해 2~3회에 걸쳐 넣어준다.

발효가 진행되면 설탕이 부족해 곰팡이 등이 생길 수 있는 환경이 되는데, 그렇게 되기 전에 위쪽에 다시 설탕을 넣어줌으로써 잡균의 증식을 막고, 발효액 속의 미생물들이 설탕을 먹이로 해서 더욱 증식할 수 있게 해주는 것이다. 이렇게 하면 삼투압이 원활하게 이루어짐과 동시에 발효도 활발하게 일어나 원재료의 맛과 향과 색이 그대로 살아 있으면서 달지 않은 효소가 만들어진다.

원재료와 설탕을 잘 버무려야 부패하지 않는다

발효가 시작되면 액이 나와서 원재료는 위로 뜨고 바닥엔 설탕이 가라앉는다. 내가 만드는 방법이든 다른 분들의 방법이든 이 과정은 똑같이 일어난다. 그런데 일반적인 방식으로 담갔을 때 이 과정에 도달하면 액체 위로 떠오른 부분에 곰팡이가 생기는 경우가 많다. 그래서 부패를 막기 위해 원재료를 뒤집어 액체와 섞이게 하거나, 무거운 것으로 눌러 다시 잠기게도 하고, 바닥의 설탕을 휘저어서 농도를 높여준다.

나는 효소 만들 때 절대 뒤적이지 말라고 한다. 앞에서 설명했듯이 위에 설탕을 2~3회 덮어줌으로써 곰팡이균이 살지 못하게 하기 때문이기도 하지만, 더 근본적인 것은 원재료와 설탕을 버무릴 때 원재료의 특성에 맞게 잘 버무려주면 부패할 확률이 아주 적어지기 때문이다.

예를 들어, 민들레는 자체에 수분이 많지 않기 때문에 잘게 썰어서 충분히 버무려야 한다. 설탕과 민들레가 섞이면서 손의 온도와 적절한 힘에 의해 민들레의 액이 살짝 나올 때까지 잘 버무려주면 삼투압과 발효 과정에서 민들레 액도 더 잘 나오고 원재료의 부패도 막을 수 있다.

반면 진달래꽃이나 복분자 같은 경우는 너무 세게 버무리면 액이 탁해지기 때문에 살살 섞어주는 정도로 하면서 설탕이 잘 묻도록 해주어야 한다. 또, 백련초와 와송 등은 칼로 썰면 끈적한 액이 나오기 때문에 썰지 않고 그냥 설탕에 버무려서 담가야 하는 등 원재료의 특성에 맞춰 버무리기를 잘 해주면 부패 확률이 적어진다.

바닥의 설탕은 젓지 않는다

또 하나 다른 분들의 방법과 다른 것이 있다면, 용기의 바닥에 미리 설탕을 깔아주는 것인데, 그것은 바닥에서 올라오는 열과 냉기, 또는 나쁜 기운 등을 차단함으로써 용기 안의 온도를 일정하게 유지하기 위함이다. 따라서 이 설탕은 저어서 섞어줄 필요 없이 그대로 두어야 한다. 발효가 끝난 뒤 액을 걸러낼 때도 바닥에 남은 설탕이 액에 섞여 들어가게 해선 안 된다.

바닥에 까는 설탕은 처음 담금할 때 들어가는 50% 또는 60%에 포함되는 양이다. 이 설탕을 섞어서 녹게만 하지 않아도 동량의 설탕에 비해 실제 효소액에 들어간 설탕의 양은 적다고 볼 수 있다.

효소, 왜 중요한가?

인간은 태어나 죽을 때까지 효소와 함께한다

효소는 동물, 식물, 미생물에 이르기까지 모든 생물에 존재하는 물질이다. 따라서 우주에 있는 모든 생명체는 효소가 없으면 생명을 유지할 수 없다. 우리의 몸도 마찬가지다. 인간은 효소와 함께 태어나 성장하고, 효소가 모두 없어지면 생명도 사라지게 된다.

효소는 구조적으로는 단백질이고, 기능적으로는 세포의 생체 활동과 신진대사를 가능하게 하는 촉매 역할을 한다. 우리 몸을 자동차라고 가정했을 때 인체에 꼭 필요한 3대 영양소(단백질, 지방, 탄수화물)가 휘발유라면 비타민, 미네랄, 섬유질의 3부 영양소는 윤활유인 셈이다. 자동차는 휘발유와 윤활유가 충분해도 배터리가 없거나 부족하면 그 기능을 제대로 수행할 수 없다. 효소가 우리 몸에서 하는 일이 바로 자동차의 배터리 역할이다. 배터리가 없으면 자동차가 움직이지 않듯이, 우리 몸에 효소가 없으면 인간 역시 살 수가 없는 것이다.

소화와 해독을 돕고 면역력을 높여주는 효소

우리 몸은 약 100조 이상의 세포로 이루어져 있다. 이 세포들이 매일 1000만 번의 신진대사를 일으키는데, 그것을 가능하게 하는 것이 바로 효소다. 인간의 몸은 신진대사가 원활할 때 건강을 유지한다. 신진대사가 떨어지면 건강에 문제가 생기고, 중단되면 생명을 잃게 된다.

효소는 인체 내의 모든 장기와 혈관, 조직, 세포에서 생성되며 비타민, 미네랄, 호르몬의 도움을 받아 빠른 속도로 반응해 대사 과정에 관여한다. 위장에서는 소화가 잘 되게 도와주고, 간에서는 알코올을 해독하며, 대장과 소장에서는 배변 활동을 원활하게 한다.

또한 외부에서 침입하는 세균이나 이물질에 대항할 수 있도록 면역력을 높여주는 기능을 하고, 과잉 생성된 활성산소를 제거하고 혈전이 생겨 혈관이 막히는 것을 막아주며, 관절의 움직임이 나빠지지 않도록 돕기도 한다. 이처럼 효소는 인간의 생명 활동에 매우 중요하고도 필수적인 역할을 담당하고 있다.

인체의 항상성을 도와주는 생명의 담당자

지구상의 모든 생명체는 탄생 이래 수억 년 동안 끊임없는 환경 변화 속에서 살아왔으며 그 변화에 적응한 것만 살아남았다. 우리가 섭취하는 음식의 종류와 성분이 날짜나 사람, 환경에 따라 달라짐에도 불구하고 혈액 조성(造成)은 항상 일정한데, 이처럼 외부 환경에 변화가 생겨도 항상 일정한 형태적 · 생리적 상태를 유지하는 것을 항상성(恒常性)이라고 한다. 인간의 몸이 항상성을 통해 건강을 유지할 수 있는 것은 효소가 있기 때문이다. 효소는 단순히 생체 촉매 역할만 담당하는 것이 아니고 대사를 중심으로 한 생명 활동과 조절에 기여함으로써 생명의 담당자 역할을 하고 있는 것이다.

하나의 효소는 한 가지 역할만 한다

앞에서 말했듯이, 효소는 구조적으로는 단백질이다. 효소와 단백질은 특정한 기능을 가지고 신체 내에서 그 기능이 발현되는 부위에 존재한다. 이는 정해진 물질에만 반응하는 특성을 지니고 있기 때문이다.

따라서 하나의 효소는 한 가지 역할만 수행한다. 소화 기능을 좋게 하는 효소, 해독 작용을 도와주는 효소, 근육을 단련시키는 효소가 각각 다르다는 뜻이다. 소화 기능이 약해진 사람은 소화 효소가 부족해졌기 때문에 소화를 도와주는 효소를 섭취해야 한다. 해독 기능이 약해졌다면 역시 그것을 도와주는 효소를, 근육을 키우고 싶다면 근육 강화 작용을 하는 효소를 섭취해주어야 한다. 근육을 키우고 싶어하는 사람들이 근육 운동 후에 단백질 보충제를 먹는 이유는 근육의 주성분이 바로 단백질이고, 단백질 보충제에 근육을 강화시키는 성분이 들어 있기 때문이다.

발효 효소가 답이다

나이가 들수록 효소의 양은 감소한다

사람의 몸에는 약 2200개 정도의 효소가 존재한다고 알려져 있다. 이들 효소는 소화 효소와 대사 효소로 나뉘는데, 섭취한 음식을 분해하고 흡수를 촉진시키는 효소가 소화 효소이고, 독소를 배출하거나 세포를 만들고 변형시키는 역할을 하는 것이 대사 효소이다. 우리 몸은 소화 효소와 대사 효소가 정량을 유지할 때 건강한 상태라고 말할 수 있다.

효소는 매일 새롭게 만들어지지만 그 양에는 한계가 있기 때문에 잘못된 식습관이나 과로, 과음을 일삼게 되면 효소가 부족해질 수밖에 없다. 이렇게 낭비하지 않더라도 나이가 들수록 효소의 수는 점점 감소하고, 결국엔 사라진다.

부족한 효소는 음식물을 통해 보충해야 한다

우리 몸의 생명 활동은 음식물의 섭취에서 시작된다. 음식을 소화시켜 에

너지원으로 만들어야 다른 모든 기능이 원활하게 이루어진다. 따라서 불균형적인 식생활을 하게 되면 소화 기능에 모든 효소를 사용하므로 대사 기능이 더딜 수밖에 없다. 또한 잠이 부족해도 효소의 생산량이 떨어져 몸의 기능이 원활해질 수 없다.

이렇게 부족해진 효소는 음식을 통해 보충해야 하는데, 현대인들이 대부분 화식(火食)에 의존하고 있어 음식물을 통한 효소 섭취가 쉽지 않은 상황이다. 효소는 48도 이상의 온도에서는 죽는다. 각종 곡물, 과일이나 채소, 육류와 생선 등에 다양한 효소가 들어 있지만 이것을 익혀 먹게 되면 효소는 죽어버리기 때문에 아무 소용이 없는 것이다.

좋은 효소 섭취가 대안이다!

현대인의 삶은 과학 문명의 발달로 많은 혜택을 받고 있지만, 한편으로는 그것 때문에 환경이 파괴되고, 생물체에 존재하는 효소를 고갈시키는 나쁜 물질들(식품의 화학 첨가물, 화학 조미료, 배기가스 등등)도 넘쳐나는 실정이다. 특히, 흡연과 음주 습관은 몸속의 효소를 상당 부분 소멸시키는 원인이 되고 있다.

날로 발전하는 의학 기술과 신약 기술, 그리고 셀 수 없이 늘어나는 병원으로 인간의 생명 역시 끝을 모를 정도로 연장되고 있다. 그러나 한편으로 고혈압, 당뇨병, 암 등 각종 질병에 걸린 환자들 또한 그 속도 이상으로 증가하고 있는 형편이다.

점차 저항력이 떨어지고 있는 현대인의 건강을 바로잡기 위한 가장 빠르고 쉬운 길은 좋은 효소를 섭취하는 것이다. 좋은 효소를 섭취하면서 자연적이고 친환경적인 식생활로 되돌아가는 것이 건강을 되찾는 실질적인 대안인 것이다.

효소 보충을 위해서는 화식보다는 생식이다?

모든 생물체에는 효소가 들어 있다. 쌀이나 밀, 콩 등을 비롯한 곡물과 채소, 과일 그리고 소고기 등의 육류, 생선 등 모든 동식물에는 다양한 효소가 포함되어 있다. 따라서 이러한 음식들을 균형 있게 섭취하면 그 안의 효소 또한 섭취할 수 있다.

하지만 효소는 48도 이상으로 가열하면 생명력이 파괴되기 때문에 음식물을 조리거나 끓이거나 삶는 과정을 거치면 그 안에 들어 있는 효소는 대부분 죽게 된다.

논리적으로는 화식(火食)을 피하고 생식(生食)을 하는 편이 음식물을 동안

효소 섭취에는 더 좋다. 예를 들어, 우리나라의 대표적인 발효 식품인 된장에는 다양한 영양소와 효소가 들어 있다. 하지만 이 된장으로 찌개를 끓인다면, 그 안의 효소는 없어지기 때문에 된장찌개에는 효소가 거의 들어 있지 않게 된다. 김치찌개와 청국장도 효소 섭취의 측면에서 보면 마찬가지다.

소화력 측면에서는 생식이 답은 아니다

효소가 열에 약하기 때문에 생식을 하는 것이 효소 섭취 측면에서 좋다고 했지만, 소화 기능면에서 보면 생식을 권할 수만은 없다. 현미에는 다량의 식물성 섬유가 포함되어 있어, 변의 양을 많게 해주고 장의 연동운동을 도와주기 때문에 변비 예방에 효과가 있다. 또한, 변이 장에 머무는 시간을 줄여주기 때문에 유해 물질이 흡수되는 것을 막아 치질 개선 및 대장암 예방에도 좋다. 현미는 노화를 예방해주고 피부를 윤기 있고 탄력 있게 만들어주며, 혈당 수치가 상승하는 것을 막아주므로 당뇨 수치가 높은 이들에게 좋다. 옥타코사놀이라는 성분이 콜레스테롤 수치를 낮춰주고 피로를 회복시켜주고, 심근경색을 개선시켜주기도 한다.

그러나 현미에 들어 있는 다량의 식이성 섬유질은 소화가 잘 되지 않는다는 단점이 있다. 그래서 생식보다는 익혀 먹어야 소화력 측면에서는 좋다. 대부분의 음식물들은 건강한 사람이 생식으로 섭취했을 때 30% 정도의 소화력을, 화식으로 섭취했을 때는 50%의 소화력을 보인다. 소화 기능이 약한 사람들은 불가피하게 생식보다는 화식을 해야 한다.

또한, 열을 가하지 않은 음식물은 그 안의 효소는 보존이 가능하지만 독성 또한 그대로 인체에 흡수되기 때문에 우리 몸에 악영향을 끼치기도 한다. 이런 이유들 때문에 무조건 생식이 좋다고 말할 수 없으며, 모든 사람들에게 똑같이 생식을 권할 수는 없다.

그렇다면 음식물이 가지고 있는 원래의 효소를 파괴하지 않으면서 소화력에도 문제가 생기지 않는 효소 보충 방법은 없는 것일까? 있다. 분명히 있다! 그것이 바로 이 책을 통해 말하려고 하는 '발효 효소'인 것이다.

발효란 무엇인가?

음식물을 발효시키는 과정에서 추출되는 발효 효소는 생식과 화식의 단점을 보완시켜 원재료를 흡수력이 매우 뛰어난 원료로 바꿈으로써 효능 또한 월등히 좋아지게 한다. 그럼, 발효란 도대체 무엇이기에 원재료가 가지고 있는 효능보다 월등히 좋은 성분의 음식물로 바꾸게 하는지를 간략히 설명해보겠다.

'발효'의 사전적 의미는 '미생물이 자신이 가지고 있는 효소를 이용해 유기물(有機物: 탄소를 포함하고 있는 물질로, 가열하면 연기를 발생시키면서 검게 탄다. 탄수화물, 단백질, 지방, 비타민 등이 예이다.)을 분해시키는 과정을 말한다. 발효반응과 부패 반응은 비슷한 과정에 의해 진행되지만, 분해 후에 우리가 유용하게 사용할 수 있는 물질이 만들어지면 발효라 하고, 악취가 나거나 유해한 물질이 만들어지면 부패라고 한다.

발효 식품, 그 효능은?

음식물의 원재료가 발효 과정을 통해 새롭게 만들어낸 여러 종류의 유기물이 포함된 음식을 섭취하게 되면, 그것은 우리 몸의 좋은 기능을 증진시키거나 혹은 나쁜 기능은 억제시키는 역할을 하게 된다. 즉, 발효 과정을 통해 만들어진 여러 생리활성화물질(生理活性化物質)들은 우리 몸속에서 성인병을 예방하고 항암 효과를 높여준다. 또한 신진대사를 촉진하고 콜레스테롤을 낮춰주어, 우리의 건강에 매우 이로운 은인이 되는 것이다.

또한 발효 식품은 미생물의 발효 작용으로 맛과 풍미가 깊어져 음식의 맛을 월등히 좋게 해준다. 그리고 부패와 세균의 번식을 억제시켜, 원래의 재료 상태보다 훨씬 오래 저장할 수 있도록 해준다.

발효 효소와 설탕의 관계

발효 효소에 설탕이 필요한 이유

원재료를 발효시켜 효소로 만들기 위해서는 당분(糖分)이 필요하다. 과일이나 채소, 산야초 등은 그 자체에 순수 당분을 갖고 있으나, 원재료를 발효시키기에는 양이 부족하다. 그런 이유로 다른 당분을 보충해주는 것이다. 이때 주로 쓰이는 것이 설탕이다.

원재료의 특징과 발효 효소의 쓰임새에 따라 백설탕, 황설탕, 흑설탕이 각각 사용된다. 백설탕은 원재료의 색과 맛, 그리고 향을 살리기 위해 사용하고, 황설탕은 맛과 향을 살릴 때 사용한다. 흑설탕은 캐러멜이 많이 들어 있어 오히려 원재료 본래의 맛과 향을 감소시키기 때문에 되도록 사용하지 않는다.

황설탕을 사용한 발효 효소와 흑설탕을 사용한 발효 효소를 비교하면, 전자의 경우 깔끔하고 원재료가 가지고 있는 맛과 향을 그대로 가지고 있다. 그러나 후자의 경우 고아낸 듯한 강한 맛이 나기 때문에 발효 효소를 만들 때

적절하지 않다. 또한 발효 효소 원액의 농도를 비교하더라도 황설탕을 사용했을 때가 백설탕이나 흑설탕을 사용했을 때보다 음미하기에 적당한 농도를 만들어내는 것을 알 수 있다.

삼투압을 도와주는 설탕

설탕이 원재료와 만나면 삼투압 작용이 일어난다. 원재료 속의 당분보다 설탕의 당분이 높기 때문에 원재료 속의 수분이 빠져나오는 것이다. 이때 수분과 함께 원재료에 함유된 좋은 영양소들도 함께 빠져나온다.

원재료 속에서 나온 수분과 영양소 등에 설탕 또한 녹아들면서 효소 발효액을 형성하고, 이 과정에서 원재료에 들어 있는 미생물들이 설탕을 먹고 왕성하게 번식하면서 발효를 촉진시키는 것이다. 즉, 설탕은 발효 과정에서 몸에 좋은 각종 미생물들의 먹이 역할도 하는 셈이다.

사탕수수가 여러 단계의 정제 과정을 거치면 설탕이 되는데, 설탕은 화학적으로는 포도당과 과당이 결합한 이당류에 속한다. 설탕은 발효 과정을 거치며 이당류에서 포도당이나 과당 등의 단당류로 바뀌어 건강에 좋은 영양분으로 변화한다. 그러므로 발효 효소를 만들 때 설탕 넣는 것을 너무 걱정할 필요는 없다.

설탕은 발효 속도와 부패에 큰 영향을 미친다

설탕은 발효 과정에서 일어날 수 있는 부패를 방지하는 역할도 하는데, 설탕의 양에 따라 발효 속도가 달라진다. 설탕 양이 너무 적으면 발효가 빠르게 진행되지만 자칫하면 식초나 술이 될 수도 있고 심지어 부패할 수도 있기 때문에 세심한 주의가 필요하다. 반대로 설탕 양이 너무 많으면 부패할 염려는 없지만, 발효가 제대로 되지 않기 때문에 설탕이 그대로 남아서 설탕물을 먹게 될 확률이 높다.

잘 만들어진 좋은 효소는 당뇨 환자들이 먹었을 때 혈당이 떨어지는 효과를 볼 수 있지만, 제대로 만들어지지 않은 효소는 오히려 당뇨 환자의 혈당을 높이고 열을 내는 등 부작용이 나타날 수 있으므로 각별한 주의가 필요하다.

적당한 설탕의 양이 중요하다

많은 사람들이 발효 효소를 만들 때, 원재료와 설탕의 비율을 1대 1로 맞춘다. 그러나 모든 원재료에 이 비율을 적용하면 잘못된 발효 효소액이 나올 확률이 높다. 과일이나 채소, 산야초 등은 각각 당분을 가지고 있으므로 과일 종류처럼 당분의 함량이 많은 원재료로 발효 효소를 만들 때는 설탕의 양을 적게 넣어야 한다. 반대로 재료가 가진 당분이 적다면 설탕을 많이 넣는 것이 좋다. 따라서 원재료에 상관없이 무조건 1대 1의 공식을 적용하는 것은 옳은 방식이 아니다.

나는 20여 년간의 지속적인 실험과 연구를 통해 각 원재료에 적당한 설탕의 양을 찾아낼 수 있었다. 이렇게 찾아낸 공식을 2장부터 6장까지의 발효 효소 담그기에 담았다. 그런데 발효 효소를 담그는 데 있어 또 하나 명심할 것이 있다. 아무리 원재료와 설탕의 비율이 정확하더라도 발효는 환경, 온도, 공기의 흐름, 심지어 담그는 사람의 마음가짐에도 큰 영향을 받는다는 사실이다.

강의실에서 실습을 해보면, 같은 재료를 가지고 한 날 한 장소에서 각자 발효 효소를 담근 뒤 발효 일지를 통해 그 과정을 살펴보면 발효 상태가 모두 다르게 나타나는 것을 알 수 있다. 심지어 한 사람이 한 날 한 시에 담근 발효 효소를 용기 2개에 나누어 담은 뒤 몇 개월 뒤 살펴보면 결과에 차이가 생기는 경우도 많다. 따라서 원재료와 설탕의 비율을 잘 맞춰서 담갔다 해도 늘 들여다보면서 정성을 쏟아야 한다.

결국은 스스로 계속 만들어보고, 관심을 갖고 살펴보면서 공부하는 수밖에 없다. 좋은 발효 효소를 얻기 위해서는 자식을 키우는 정성과 시간을 쏟아야 하는 것이다.

잘 만든 명품 발효 효소란?

01 발효 효소의 특징과 효능

원재료가 가지고 있는 모든 영양 성분을 섭취할 수 있다

평소 음식으로 먹기 어려운 각종 채소와 산야초 등을 효소로 만들면 그것이 가지고 있는 좋은 약성과 영양분을 손쉽게 섭취할 수 있다. 특히 과일의 경우 껍질과 씨에 영양 성분이 많이 들어 있는데 많은 사람들이 과일을 먹을 때 몸에 더 좋은 껍질과 씨는 버리고 과육만 섭취한다. 포도, 배, 다래 등으로 발효 효소를 만들면 뛰어난 영양소가 들어 있는 껍질과 씨를 버릴 필요가 없다. 이것들도 함께 발효시킴으로써 원재료가 가지고 있는 좋은 성분들을 온전히 섭취할 수 있게 된다. 폐와 기관지에 좋은 과일로 알려진 배는 씨와 껍질에 그 성분이 더 많이 들어 있다. 씨와 껍질, 과육을 모두 섞어 발효 효소를 만들어 섭취하면, 그냥 배를 먹는 것보다 훨씬 좋은 효과를 보게 되는 셈이다.

과일을 통째로 먹어야 하는 또 다른 이유는 과일 껍질이 가진 해독 작용 때

문이다. 배나 포도의 껍질을 안 먹고 버린다는 것은 껍질이 가지고 있는 해독 성분을 버림으로써 오히려 오염 성분에 직접적으로 노출된다는 의미이다. 아무리 유기농으로 재배한 과일이나 채소라 해도 어느 정도의 농약이나 제초제 성분이 들어 있을 가능성은 있다. 해독 효능을 갖고 있는 과일 껍질을 발효시켜서 효소로 섭취하면 우리 몸에 유해 성분이 쌓이는 것을 막을 수 있다.

원재료보다 흡수가 잘 된다

원재료가 발효 과정을 거쳐 다른 유기물로 분해되기 때문에 원재료를 그냥 먹을 때보다 소화 흡수력이 좋아진다. 건강한 사람들은 자체적인 해독 능력과 분해 능력이 뛰어나지만, 간이나 위가 좋지 않은 사람들은 그런 능력이 떨어진다. 따라서 원재료를 그냥 섭취하는 것보다는 발효 효소로 만들어 섭취하는 것이 건강에 훨씬 좋다.

몸에 이로운 생리활성화물질이 새로 만들어진다

발효 효소는 설탕의 삼투압 과정을 거치면서 원재료가 가지고 있는 모든 효소 성분뿐만 아니라 다른 영양분까지도 100% 활성화시킨다. 또한 발효 과정을 거쳤기 때문에 새로운 유기물이 형성되어 우리 몸에 이로운 많은 생리활성화물질을 생성시킨다. 100% 활성화된 원재료의 영양분과 새롭게 만들어진 생리활성화물질이 우리 몸을 건강하게 해주는 것이다.

원재료보다 더 오래 저장할 수 있다

건강을 위해서는 우리 땅에서 나는 제철 음식을 먹는 것이 가장 좋다. 그러나 과일이나 각종 채소는 오래 저장할 수가 없다. 원재료를 이용해 발효 효소를 만들면 이런 문제를 해결할 수 있다. 발효를 통해 좋은 효능을 추출해낼 수 있을 뿐 아니라, 오래 두어도 변하지 않기 때문에 계절과 상관없이 우리 땅에서 나는 몸에 좋은 채소와 과일을 섭취할 수 있는 것이다.

02 잘 만든 명품 발효 효소의 조건

좋은 발효 효소가 되려면 원재료가 가지고 있는 색, 향, 맛이 제대로 살아 있고 원재료의 약성이 충분이 나와야 한다. 그래야 먹기도 좋고, 향과 맛도 좋다.

또한 잘 만든 발효 효소는 너무 달지 않아야 한다. 많은 사람들이 원재료를 설탕에 버무려놓고 액이 나오면 다 효소라고 생각한다. 하지만 흔히 알려져 있는 방법으로 발효 효소를 만들면, 열에 아홉은 꿀처럼 걸쭉하고 지나치게 단 액을 얻게 된다. 이것은 먹기에 거북할 뿐 아니라, 향이 지나치게 강하거나 반대로 원재료의 향이 완전히 없어져 있을 것이다.

원재료가 가지고 있는 약성이 좋으니 맛이 없어도 무조건 먹으라고 할 수는 없는 노릇이다. 중요한 것은 먹기 좋아야 꾸준히 잘 먹을 수 있고, 그래야 발효 효소를 만든 본래의 목적을 이룰 수 있다는 점이다.

잘 만든 발효 효소를 판단하는 또 하나의 기준은 '이상적인 농도'이다. 이상적인 농도의 효소액을 만들기 위해서는 재료에 따른 설탕의 양, 발효 기간, 숙성 기간 등을 잘 파악해야 한다. 그리고 발효 효소를 만드는 환경, 적절한 온도 등이 제대로 맞아 떨어졌을 때 좋은 발효 효소가 만들어진다.

이론적으로는 굉장히 간단하지만 만들어보면 그리 간단하지 않다. 원재료가 제대로 된 약성을 가진 발효 효소액으로 바뀌기까지는 많은 시간과 노력, 정성이 필요하고 더불어 올바른 기술이 반드시 뒤따라야 한다.

원재료를 설탕과 버무려서 유리병 등에 보관하면 발효 효소가 만들어진다고 쉽게 생각하는 사람들이 의외로 많다. 그러나 다른 것도 마찬가지지만 발효 효소 또한 만드는 올바른 방법과 자녀를 키우듯 하는 정성과 시간을 충분히 투자했을 때 사람의 건강과 행복을 유지하는 데 도움이 되는 좋은 발효 효소가 탄생한다는 것을 꼭 알아두었으면 한다.

03 잘 만든 명품 효소 감별법 3가지

처음부터 좋은 발효 효소를 감별해낸다는 것은 쉬운 일이 아니다. 기술적인 부분을 잘 지켜서 만들었다 해도 발효가 제대로 이루어진 것인지, 약성이 잘 나온 것인지 처음부터 알기는 어렵다. 이 또한 효소 만드는 과정처럼 긴 시간 경험을 쌓고 넓히면서 하나씩 터득해가야 한다.

우선은 발효 효소를 많이 맛보는 것이 중요하다. 자신이 만든 것뿐 아니라 다른 사람이 만들어놓은 것도 맛을 보고 비교하는 등 자주 접해보고 경험해야 한다. 그렇게 다양한 효소의 맛을 자주 보다보면, 어느새 좋은 발효 효소를 감별해내는 능력이 생기게 될 것이다.

내가 생각하는 좋은 발효 효소 감별법 3가지를 소개한다.

눈으로 확인하기

발효와 숙성이 끝난 효소 원액을 유리잔에 부어 색과 농도를 눈으로 확인한다. 잘 만든 발효 효소라면 원재료가 가지고 있는 본래의 색이 나와야 한다. 농도 또한 원재료의 농도가 나와야 한다. 원액 표면에 걸쭉한 띠가 형성되었다면 잘 만들어진 것이 아니다. 그러나 백년초나 알로에 등 원재료가 끈적이는 것의 발효 효소 원액은 끈적이는 성질이 살아 있어야 한다.

색과 농도를 확인했으면 원액에 물을 부어본다. 이때 젓지 않아도 물과 원액이 잘 섞이면 잘 만든 발효 효소라 할 수 있다. 원액이 아래로 가라앉는 등 물과 분리되는 현상이 나타나면 잘못 만들어진 것이다.

맛으로 확인하기

효소 원액을 먹었을 때 원재료의 맛이 나오는지 확인한다. 꿀을 먹을 때처럼 너무 달아서 목에 걸리는 현상이 일어나거나 설탕 단맛이 나오면 그것은 제대로 만들어진 발효 효소가 아니라 그냥 설탕물이라고 여겨야 한다. 잘 만든 발효 효소 원액은 설탕의 단맛이 아니라 깊고 부드러운 단맛이 나게 되어 있다. 좋은 원액을 먹으면 감칠맛이 나고, 침샘에서 침이 잘 고이며 목 넘김도 상당히 부드럽다.

냄새로 확인하기

원재료가 가지고 있는 향이 그대로 살아 있는지 확인한다. 쑥을 원재료로 하여 쑥 효소를 만들었다면, 원액의 향을 맡았을 때 쑥 특유의 향이 나야 좋은 발효 효소이다.

04 좋은 발효 효소를 먹으면 어떤 현상이 생길까?

발효 효소를 먹고 나서 몸에 나타나는 현상은 사람마다 다르다. 한번은 제비꽃 효소를 4명이 마신 적이 있는데, 이들의 반응이 제각각이었다.

한 사람은 온몸이 노곤해지는 느낌이었다고 하고, 또 한 사람은 흠씬 일이 맞은 것처럼 온몸이 욱신거리며 아팠다고 했다. 또 다른 사람은 하체가 마비되는 것처럼 뻣뻣한 느낌이었고, 또 다른 사람은 예전에 수술했던 자리가 아파왔다고 했다. 그러나 공통적인 것은 30~40분 뒤에 이 모든 현상이 사라지고 평소처럼 아무렇지 않아졌다는 점이다.

이처럼 발효 효소를 먹고 나면 사람에 따라 몸이 뜨거워지기도 하고 술에 취한 것처럼 기분이 좋아지기도 하는 등 다양한 반응이 나타난다. 하지만 30~40분 지나면 언제 그랬냐는 듯이 그 현상이 없어지면서 몸이 개운해지는 것을 느낄 수 있다. 만약 시간이 지났는데도 처음의 반응이 사라지지 않는다면 발효 효소가 잘못된 것이므로, 먹지 말고 버려야 한다.

좋은 효소를 먹으면 몸에 있는 가스가 많이 배출된다. 심한 경우 하루 종일 방귀를 뀌는 사람도 있다. 이는 우리 몸속의 독성이 해독되고 있다는 증거이며 시간이 지나면 사라진다.

좋은 효소를 먹고 평소 안 좋은 부위에 열이 나거나 통증을 느끼는 사람도 있다. 하지만 이는 걱정하지 않아도 된다. 간혹, 한의원에서 처방된 한약을 먹고 예기치 않게 열이 나다가 시간이 경과하면서 치유가 되는 일을 겪은 사람들이 있을 것이다. 이를 명현(瞑眩) 현상이라 한다. 효소를 먹고 열이나 통증이 생기는 것도 일종의 명현 현상이다. 지속적으로 효소를 섭취하면 건강이 좋아져 그러한 현상은 사라지게 되고, 우리 몸이 효소의 좋은 성분에 적응을 하게 된다.

발효 효소 만들기 준비 과정

좋은 발효 효소를 만들기 위해서는 만드는 과정 또한 중요하지만, 준비 과정도 매우 중요하다. 시작이 반이라는 말은 효소 만들기에도 해당된다. 준비 과정이 잘 되었을 때 좋은 효소를 만들 확률도 높아진다. 자, 그럼 좋은 발효 효소를 만들기 위한 준비 과정을 살펴보도록 하자.

원재료 준비

제철에 나는 신선한 산야초나 꽃, 채소, 과일 등을 직접 채취하거나 유기농으로 구입한다. 직접 채취할 경우 새벽이슬을 머금고 있는 청정 지역의 원재료를 구하는 것이 가장 좋다. 청정 지역에서 직접 채취하면 물에 씻지 않고 다듬기만 한 뒤 바로 효소를 담글 수 있다는 것이 장점인데, 발효와 물은 상극이기 때문에 되도록 원재료에 물을 묻히지 않는 편이 좋기 때문이다.

또 한 가지, 산이나 들에서 산야초를 채취할 때는 욕심 부리지 않고 자신이 할 수 있는 만큼만 채취해야 하며, 다른 사람과 다음 세대를 위해 무분별하게

채취해서는 안 된다.

직접 채취하는 것이 어렵다면 도심의 시장이나 인터넷을 통해 유기농 산야초를 구입하면 된다. 설사 유기농으로 재배한 것이 아닐지라도, 정성껏 씻고 손질한 뒤 정성스런 마음으로 효소를 담근다면 좋은 발효 효소를 얻을 수 있다. 이는 재료를 준비하는 과정에서부터 좋은 마음을 내서 임해야 결과에 좋은 영향을 끼친다는 점을 늘 새겨야 한다는 의미이다.

용기(容器)

원재료의 준비 못지않게 중요한 것이 발효와 숙성에 쓰이는 용기(容器)이다. 아무리 좋은 재료를 가지고 설탕에 잘 버무려 숙성을 시켜도 이를 담는 용기가 좋지 않으면 전부 허사가 된다.

발효 효소를 만들 때 가장 좋은 용기는 옹기 항아리다. 그러나 많은 사람들이 도시 생활을 하기 때문에 현실에 맞도록 술 담글 때 많이 사용하는 유리병과 플라스틱 병도 차선책이 될 수 있겠다.

용기가 중요한 이유는 산소 공급이 잘 되느냐 그렇지 않느냐에 따라서 발효 효소의 질에 큰 영향을 주기 때문이다. 산소 공급이 잘 되는 용기를 사용하면, 이물질을 밖으로 뿜어내주기도 하고 온도를 일정하게 맞춰주기도 한다. 그래서 어떤 사람들은 산소 공급을 위해 인위적으로 뒤집어주거나 흔들어주기도 하는데 굳이 그럴 필요까지는 없다. 또 뒤집어주기 위해 용기 뚜껑을 자주 열면, 그 과정에서 공기 속의 유해균이 침투해서 부패의 원인이 되기도 하므로 주의해야 한다.

용기는 발효 단계와 숙성 단계에서 각각 하나씩 필요하기 때문에 2개를 준비하는 것이 좋다.

** 옹기 항아리

우리 조상들이 예부터 만들어 사용하던 옹기야말로 세계에 자랑할 만한 최고의 바이오세라믹 제품이다. 그러나 이것이 일제 강점기를 거치면서 상당 부분 왜곡되기 시작했다. 우리 조상들은 옹기를 만들 때 자연 유약을 사용했다. 참나무를 태워 그 재를 유약으로 사용했는데, 일제 강점기를 거치면서 낮은 온도에서도 잘 녹고 손이 덜 가는 망간과 연단(鉛丹: 3개의 납 원자와 4개의 산소 원자가 결합된 산화물)을 섞어 사용하게 되었다. 문제는 이렇게 만든 옹기는 눈이 부실 정도로 반짝거려 때깔이야 날지 모르지만, 연단 속의 납 성분이 인체에 해를 끼치게 된다는 점이다.

전통적인 유약을 사용해 만든 옹기는 현미경으로 보면 구멍이 숭성숭성 나 있는데, 그 구멍을 통해 산소 호흡을 하게 된다. 하지만 망간과 연단이 유약으로 사용된 항아리는 구멍이 없기 때문에 숨을 쉴 수가 없어서 좋은 항아리로서의 역할을 못 한다.

이런 이유로 나무 재를 유약으로 사용한 옹기 항아리를 쓰면 좋겠지만, 산림 보호 차원에서 나무를 함부로 베는 것이 금지되었기 때문에, 전통적인 옹기 항아리를 만나기는 쉽지 않고 값 또한 비싼 실정이다.

** 유리병

유리병의 장점은 발효 과정과 숙성 과정을 직접 들여다볼 수 있다는 것이다. 유리병을 용기로 쓸 때에는 먼저 뜨거운 물로 소독을 해야 한다. 제대로 소독을 하지 않으면 부패의 원인이 되는 초산균이 번식할 수 있기 때문이다.

유리병 중에서도 나사식 뚜껑이 있는 것을 골라 뚜껑에 있는 고무 패킹을 제거한다. 이는 뚜껑 안의 테두리에 있는 나선을 통해 산소를 잘 통하게 하기

나사식 유리병

완전 밀폐형 유리병

위함이다.

커피를 보관하거나 피클 담글 때 쓰는 완전 밀폐형 유리병은 피해야 한다. 발효 과정에서 발생한 가스가 빠져나가지 못하면 유리병이 터질 수 있기 때문이다.

** 플라스틱 병

플라스틱 병

플라스틱 용기는 깨지지 않는다는 장점과 발효 과정을 들여다볼 수 있다는 장점이 있다. 그러나 이것 또한 열 소독을 해야 하기 때문에 되도록이면 두껍고 견고한 것이 좋다. 그러나 장시간 발효 과정을 거치다보면 플라스틱 용기에 색이나 냄새가 밸 수 있기 때문에, 한두 번 사용하고 나면 재사용이 불가능하다는 단점이 있다. 또한 온도가 높으면 용기가 터져 발효액이 넘칠 수 있으므로 특별히 잘 관리해야 한다.

설탕

설탕은 발효에 매우 중요한 요소이다. 삼투압 과정의 핵심이고, 미생물들의 먹이로 쓰이기 때문이다. 발효 효소를 만들 때는 거의 대부분 황설탕을 쓰지만, 원재료의 특성과 속성에 따라 백설탕을 사용하는 경우도 있다.

백설탕은 주로 과일이나 꽃 종류로 효소를 담글 때 많이 사용하는데, 재료가 갖고 있는 향과 색, 맛을 살리기 위해서다. 백설탕을 사용하는 재료에 황설탕을 쓰게 되면 색과 향이 달라지고 농도가 진해져 무척 단 효소가 될 수 있다. 그 외 대부분의 산야초, 채소, 뿌리채소 등에는 황설탕을 쓴다.

이 책의 2장부터 6장까지에 실려 있는 47가지 발효 효소 중 백설탕과 황설탕을 사용한 원래료는 다음과 같다.

설탕 종류	원재료
백설탕	꾸지뽕 열매, 백년초, 복분자, 비트, 사과, 오미자, 진달래꽃, 파프리카, 포도
황설탕	가지, 개똥쑥, 겨우살이, 고추, 곰보배추, 까마중, 냉이, 느타리버섯, 다래, 대추, 도라지, 돼지감자, 마늘, 매실, 미나리, 민들레, 배, 백련, 벚나무, 뽕잎, 산초, 삼백초, 삼채, 생표고버섯, 소루쟁이, 송순, 쇠비름, 쑥, 양배추, 양파, 어성초, 오이풀, 옥수수, 와송, 왕고들빼기, 죽순, 참마, 환삼덩굴

칼과 도마 외

원재료를 다듬고 씻고 물기를 빼는 등의 과정에는 큰 통과 소쿠리 등의 도구가 필요하다. 이것은 편리한 대로 집에 있는 것을 사용하면 된다. 원재료를 썰 때 도마와 칼을 사용하게 되는데, 원칙적으로는 원재료에 금속이 닿는 것은 좋지 않다. 그래서 철저하게 하는 사람들은 대나무 칼로 재료를 써는데, 이런 원칙을 모두 지키는 것은 너무 어렵기 때문에 가정에서 갖고 있는 스테인리스 칼을 사용해도 무방하다.

덮개와 고무줄

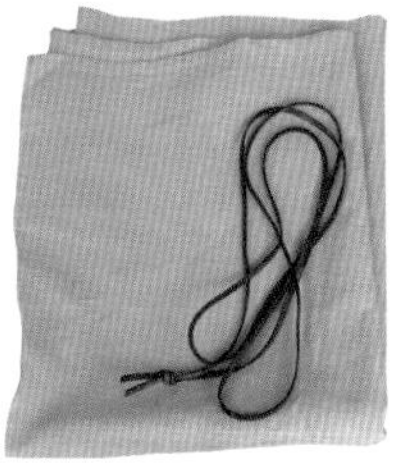

옹기 항아리를 사용할 경우 뚜껑으로 덮어두기만 하면 공기 유입이 너무 많기 때문에 면보나 한지 등으로 위를 덮고 고무줄로 봉해준다. 그러고 나서 항아리 뚜껑을 덮어두면 발효 과정에서 나오는 가스는 빠지면서 유해 공기는 차단할 수 있다. 일반 가정에서 사용하는 유리병도 이와 같은 방식으로 봉해주고, 플라스틱 뚜껑을 살짝 덮어놓으면 같은 효과를 볼 수 있다.

그러나 굳이 이렇게 하지 않아도 뚜껑을 닫을 때 끝까지 돌리지 말고 마지막 단계에 조금 못 미칠 정도로만 닫아두면 완전히 밀폐되지 않기 때문에 무리 없이 발효시킬 수 있다.

거름망

발효가 끝나면 원재료와 발효 원액을 걸러서 분리시켜야 한다. 이때는 그릇 위에 체나 거름망을 얹어 효소액만 그릇에 담길 수 있게 한다. 용기 바닥에 깔아두었던 설탕이 효소액에 흘러들어가지 않도록 주의한다.

숙성용 용기

나사식 유리병　　플라스틱 맥주병

숙성용 용기는 발효 용기와 마찬가지로 완전 밀폐가 되지 않는 유리병이면 충분하다. 효소를 담글 때 같은 병 2개를 준비했다가 원액을 걸러 숙성시키는 용도로 쓰면 된다.

주변에서 흔히 볼 수 있는 플라스틱으로 된 갈색 맥주병도 숙성 용기로 아주 좋다. 이 병은 외부의 빛을 차단하는 효과가 있기 때문에 숙성 과정에서 변질될 우려가 없다. 숙성이 끝나면 보관용 유리병에 옮겨 담으면 된다.

좋은 환경

좋은 발효 효소를 만들기 위해서는 환경이 무척 중요하다. 이상적인 방법은 원재료와 설탕을 버무려 옹기에 담은 뒤 땅을 파서 묻는 것이다. 항아리의

70% 정도가 땅속으로 들어가게 묻는 것이 좋다. 그런 다음 항아리 뚜껑을 덮고 그 위에 흙을 약간 덮어준다. 시간이 흐르면 뚜껑 위에서 풀이 자라게 된다. 항아리 위의 흙과 풀은 발효 속도를 일정하게 유지시켜 양질의 발효 효소를 만들어준다.

황토 집을 이용하는 방법도 있다. 황토 집 안에 발효 항아리를 넣어두면 황토 집이 온도를 일정하게 유지시켜주면서 보이지 않는 독성도 해독시키기 때문에 아주 맛이 좋은 발효 효소액을 얻을 수 있다.

다음은 나무그늘이나 계곡을 이용하는 방법이다. 나무그늘은 직사광선을 피할 수 있고, 계곡은 항상 바람이 불면서 아침저녁으로 일교차가 심하기 때문에 발효 효소의 맛이 매우 좋아진다.

하지만 이런 방법은 도시에서 하기 어렵기 때문에 아파트와 빌라, 주택에서 발효 효소를 만들 때는 직사광선이 들지 않고 바람이 잘 통하는 장소를 고르면 된다. 특히 아파트의 경우 베란다에 용기를 두는 사람들이 있는데, 베란다는 바람은 잘 통하지만 직사광선의 영향을 많이 받기 때문에 발효에 좋은 장소가 아니다.

나는 대전 외곽에 있는 시골 마을의 고택에 살고 있는데, 넓은 마루에 항아리를 놓고 발효시키던 중 재미있는 현상을 발견했다. 어느 날부터인가 마루 근처로 굉장히 많은 벌들이 모여들었다가 몇 개월이 지나자 그 많던 벌들이 싹 사라졌던 것이다. 이런 일이 여러 해에 걸쳐 일어났는데, 왜 그런 것인지

궁금증을 가지고 유심히 살펴보다 그 이유를 알게 되었다. 발효가 시작되어 향이 나오기 시작하면 벌들이 그 향에 이끌려 모여들었던 것이다. 또 발효가 끝나면 향이 적어지기 때문에 벌들이 다른 곳으로 날아간 것이다. 즉, 벌들이 항아리 주변에 모여들기 시작하는 때가 발효가 시작되는 때이고 벌들이 없어지는 때가 발효가 완성되는 시기라는 걸 알게 되었다. 이처럼 장기간에 걸쳐 반복적으로 경험을 쌓다보면 각각의 원재료에 맞는 적정한 발효 기간을 누구나 터득하게 된다.

정성 어린 마음과 "사랑해"

좋은 발효 효소를 얻기 위해서는 정성 어린 마음이 무엇보다 중요하다. 부모로부터 깊은 정성과 사랑, 칭찬을 많이 받고 자란 아이는 그렇지 않은 아이에 비해 긍정적이고 적극적이며 자기 주도적인 삶을 살 확률이 높다. 사람만 그런 것이 아니다.

몇 년 전 한글의 날을 맞아 모 방송사가 〈말의 힘〉이란 다큐멘터리를 통해 재미난 실험을 보여주었다. 2개의 유리병에 각각 같은 양의 흰 쌀밥을 넣은 다음 한쪽에는 "고맙습니다. 사랑해." 등의 긍정적인 말을, 다른 한쪽에는 "미워. 싫어."라는 부정적인 말을 지속적으로 했다. 어느 정도 시일이 지난 다음 각각의 병 속에 들어 있던 쌀밥을 꺼내보았다. 긍정적인 말을 들은 밥에는 몸에 좋은 흰곰팡이가 피었지만, 부정적인 말을 들은 밥에는 유해한 푸른곰팡이가 끼고 썩어 있었다.

이와 비슷한 이야기를 신문에서 읽은 적이 있다. 프로 축구팀 포항스틸러스가 싹이 튼 고구마 2개를 유리병에 담아 선수들에게 건네며 실험을 제안했다. 한쪽 고구마에는 긍정적인 말을 해주고, 또 다른 고구마에는 부정적인 말을 해준 다음 결과가 어떻게 되는지를 알아보자는 것이었다.

이 실험의 결과도 마찬가지였다. 좋은 말을 들은 고구마는 줄기가 더 풍성해지고 쑥쑥 자랐지만, 나쁜 말을 들은 고구마의 줄기는 시들어버렸던 것이다. 포항 축구팀은 실험 후, 선수들에게 서로 응원과 격려의 말을 전하는 이벤트를 했다고 한다. 그러자 팀워크는 물론 팀 성적도 이전보다 훨씬 좋아졌다고 한다.

긍정의 말, 그 밑바탕에 깔린 정성 어린 마음은 우리의 상상을 뛰어넘는 힘을 가지고 있다. 발효 효소를 만들 때는 이러한 마음을 기본으로 해야 한다. 발효 중인 유리병에 직사광선이 닿지는 않는지, 바람은 잘 통하는지, 미생물들이 설탕을 잘 먹고 있는지, 혹여 곰팡이가 생기지는 않는지 매일 살피고 또 살펴줘야 한다.

내가 강연을 할 때마다 늘 하는 말이 있다. 원재료를 채취하거나 구입할 때, 그리고 그것을 다듬고 씻을 때부터 "사랑해. 고마워. 나를 건강하게 해줘서 정말 고마워."라는 말을 많이 해줘야 좋은 효소가 된다는 이야기다. 몇 개월에 걸친 발효 과정과 숙성 과정에서도 "사랑해. 고마워." 같은 말을 끊임없이, 진심으로 해줘야 한다.

이 얘기가 우습게 들릴 수도 있지만, 발효 효소를 제대로 만들어본 사람이라면 이러한 마음가짐의 효과를 잘 알고 있을 것이다.

욕심 내려놓기

발효 효소를 만드는 과정에서 중요한 것이 또 있다. 욕심을 부리지 않고 내려놓는 마음이 그것이다.

임산부의 부기 예방과 신장염에 효능이 있다고 알려진 아까시꽃 효소를 만들기로 맘먹은 사람이 있었다. 그는 이른 새벽 산에 올라 아까시꽃을 따기 시작했다. 따다보니 이왕이면 많이 따서 발효 효소를 더 만들어야겠다는 욕심이 생겼다. 시간 가는 줄 모르고 꽃을 따 모았더니 해가 뉘엿뉘엿 지기 시작했다. 그는 작업을 마치고 흡족한 마음으로 집에 돌아왔다. 그런데 자루를 열어보니 그 싱싱하던 꽃잎이 모두 시들어 있었다.

아까시꽃으로 효소를 담글 때는 이른 새벽에 채취해야 좋다. 해 뜨기 전 이슬을 머금은 꽃이 약성이 더 좋기 때문이다. 좋은 효소를 얻으려면 이슬이 마르기 전에 다듬어 설탕에 버무려야 하는데, 더 많이 따겠다는 욕심 때문에 꽃잎이 다 시들어버린 것이다. 그가 채취한 많은 양의 아까시꽃은 발효 효소 원재료로서의 가치를 잃고 말았다.

이처럼 욕심을 부리면 하루의 고생, 심한 경우 몇 개월, 또는 1년 이상의 고생이 수포로 돌아가기도 한다.

앞에서도 말했지만, 발효 과정에서 자꾸 원재료를 뒤집어주면 공기 중의 나쁜 균이 침투할 수 있어서 좋지 않다. 그러나 많은 사람들이 부패와 곰팡이를 방지한다는 이유로 매일매일 원재료와 설탕을 뒤섞어준다. 이것 또한 욕심과 내려놓지 못하는 집착에서 비롯된 행동이다.

정성 어린 마음과 사랑으로 지켜봐주며 스스로 그 과정을 잘 버텨내주길 바라는 마음이라야 한다. 만약 곰팡이가 생겼다면 그 부분만 살짝 걷어내고 그 위에 적정량의 설탕을 얹어주면 효소 발효액은 그 스스로의 힘으로 생명력을 갖는다. 그래야 맛도 좋고 향도 좋으며 당도도 높지 않은, 그야말로 우리 몸에 이로운 발효 효소가 될 수 있다는 것을 잊지 않았으면 좋겠다.

김시한 식 명품 효소 만들기

준비하기

효소를 처음 담가보거나 처음 접하는 재료로 담글 때는 재료를 2kg만 준비해서 8ℓ짜리 용기에 담가야 실패할 확률이 적다. 책에 적힌 비율은 1kg 기준이므로 이것의 2배를 계산해서 설탕을 준비하면 된다.

원재료 손질하기

신선한 제철 과일과 꽃, 채소, 산야초 등 발효 효소 만들 원재료를 준비한다. 시장이나 마트에서 구입한 원재료들은 농약 등의 화학약품을 없애기 위해 깨끗한 물에 여러 번 씻은 다음, 물기를 제거한다. 물기가 남아 있으면 발효 과정에서 곰팡이가 생기는 등 안 좋은 영향을 끼치므로 물기를 잘 제거하는 것이 중요하다. 청정 지역에서 채취한 재료는 씻지 않아도 된다.

썰기

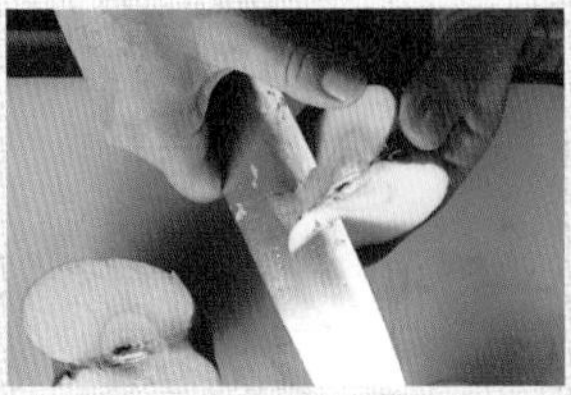
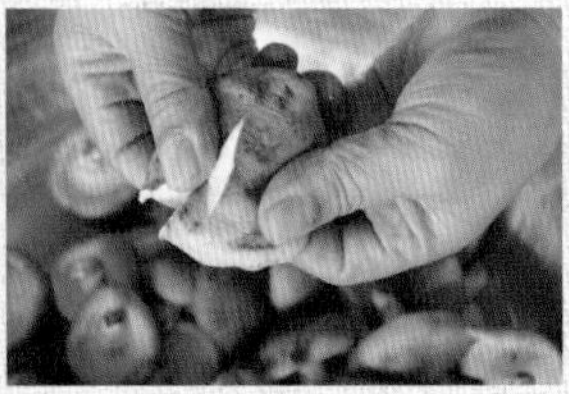

원재료를 적절한 방법으로 썬다. 재료 써는 방법에 대해서는 각각의 발효 효소 만드는 과정에서 자세히 다루고 있다. 썰지 않고 통으로 쓰는 재료도 있고 손으로 잘라야 좋은 재료도 있으므로 각각의 만드는 법을 꼭 확인해야 한다.

설탕 깔아주기

용기 바닥에 설탕을 깐다. 항아리의 경우 약 5cm, 유리병의 경우 1~3cm가 좋다. 몇 cm인지 자로 정확히 잴 필요는 없으며, 적당량의 설탕을 가운데에 부어준 뒤 용기를 앞뒤로 기울여 바닥에 고르게 깔리게 해주면 된다.
설탕을 까는 이유는 바닥에서 올라오는 안 좋은 기운을 차단하고, 발효 과정에서 용기 안의 온도를 일정하게 유지시키기 위함이다. 또한 버무려준 설탕이 부족할 경우에는 미생물의 먹이로도 쓰인다.

버무리기

원재료와 적정량의 설탕을 버무린다. 이때 설탕은 발효에 필요한 총량을 다 사용하지 않는다. 예를 들어, 민들레 효소를 만들 때는 민들레 1kg에 황설탕 1kg이 필요한데, 분량의 60%인 600g의 설탕으로 용기 바닥에 깔아주고 버무리고 위에 덮어주는 것까지 한다. 나머지 40%의 설탕은 발효 과정에서 먹이로 덮어 줄 때 사용하는 것이다. 이 비율 역시 원재료에 따라 조금씩 다르므로 각 원재료의 설탕 비율을 잘 확인해야 한다.

용기에 담기

설탕에 버무린 재료를 용기에 70% 정도만 오도록 담는다. 그 이유는 발효 과정에서 부글부글 끓으면서 가스가 발생하는데, 용기에 빈 공간이 없으면 이 팽창 운동을 이기지 못해 용기가 폭발할 위험이 있기 때문이다.

설탕 덮어주기

유리병 속의 원재료가 보이지 않을 정도로 설탕을 덮어준다. 이때 사용하는 설탕은 처음 담글 때 들어가는 60%, 또는 50%에 포함되는 것이므로 원재료를 버무리기 전에 미리 남겨두어야 한다.

발효시키기

용기 뚜껑을 닫고 직사광선이 들지 않으며 바람이 잘 통하는 곳에서 발효에 들어간다. 이때 나사형 용기 뚜껑을 너무 꽉 닫으면 발효 과정에서 가스가 분출되지 못해 폭발할 수 있고, 느슨하게 닫으면 공기가 유입되어 곰팡이가 생길 수 있다. 끝까지 조이기보다는 한 박자만 덜 조인다는 생각으로 닫아주는 것이 좋다. 발효에 적당한 온도는 25~30도이므로 온도가 너무 낮거나 높은 곳은 피한다.

설탕 2~3회 덮어주기

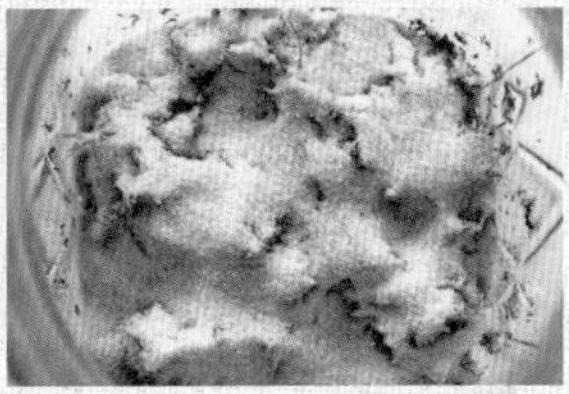

발효가 시작되면 위에 덮어주었던 설탕이 조금씩 사라지는 것을 볼 수 있는데, 이 설탕이 30%쯤 남았을 때 다시 설탕을 덮어주어야 한다. 민들레 효소의 경우 남겨두었던 설탕 400g 중 절반인 200g을 한 번 덮어주고, 그것이 다시 녹아 없어지면 나머지 200g의 설탕을 덮어주면 된다. 발효 과정에서 덮어주는 설탕의 양과 횟수는 원재료에 따라 다르므로, 각각의 과정을 참고한다.

발효 기간

발효 기간은 원재료에 따라 각각 다르다. 짧은 것은 1개월 반에서 2개월, 긴 것은 8개월 또는 1년 이상 걸리기도 하므로 효소 담근 날짜와 거르는 시점을 용기에 적어두는 것이 좋다.

효소액 거르기

발효가 끝나면 재료를 걸러내고 원액만 숙성 용기에 담는다. 원액을 거를 때는 고운 체 등을 사용해서 재료가 원액과 완전히 분리되도록 한다. 또한 바닥에 깔아두었던 설탕이 원액에 섞여 들어가서도 안 된다.

숙성시키기

실온에서 최소한 4개월~1년 이상 숙성시키는데, 대부분은 2~3년을 숙성시켰을 때 가장 이상적인 효소가 된다. 숙성 중 가스가 나올 수 있기 때문에 나사형 뚜껑을 너무 꽉 닫지 말아야 하며 용기의 70% 정도만 담아야 한다. 숙성용 용기는 발효용 용기와 같은 유리 용기를 많이 사용하며, 직사광선을 차단할 수 있는 갈색의 플라스틱 맥주병을 사용하는 것도 좋다.

효소액 마시는 법 & 곰팡이 대처법

효소액 약이 되게 마시려면!

각각의 효능에 맞춰 치료를 목적으로 할 때는 아침 공복과 저녁 취침 전에 소주잔으로 1잔씩(약 30cc) 6개월 이상 마신다. 건강 유지 차원이나 기호성으로 마실 때는 원액과 물의 비율을 1:4로 해서 수시로 마시면 좋다. 뜨거운 물에서는 효소가 죽어버리기 때문에 차가운 물이나 45도 이하의 미지근한 물이어야 한다

발효 과정에서 곰팡이가 생겼다면?

원재료의 물기가 덜 말랐을 경우, 설탕이 골고루 버무려지지 않았을 경우, 통풍이 되지 않는 곳에 두었을 경우, 뚜껑을 자주 열어서 공기 중의 유해균이 침입한 경우 등 아주 많은 변수에 의해 발효 과정에서 곰팡이가 생길 수 있다.

발효가 잘 되고 있는지 수시로 살펴보다가 곰팡이를 발견하면 일단 밀폐가 가능한 방으로 옮긴 뒤 출입문이나 창문을 닫는다. 그리고 뚜껑을 열어 곰팡이가 생긴 부분만 나무젓가락 등으로 골라낸다. 곰팡이 핀 부분을 모두 제거했으면 설탕으로 원재료 위를 완전히 덮어준 뒤 뚜껑을 닫는다. 공기가 잘 통하는 그늘진 곳에 두면 다시 발효가 정상적으로 진행된다.

개똥쑥 발효 중 곰팡이 발생

곰팡이 핀 부분만 제거

맨 위에 설탕 덮어주기

02

위와 장을 튼튼하게 하는 건강 효소

- 매실 효소
- 왕고들빼기 효소
- 민들레 효소
- 양배추 효소
- 산초 효소
- 미나리 효소
- 쑥 효소
- 참마 효소
- 죽순 효소
- 백년초 효소

매실 효소

“위장 장애와 소화불량에 좋고,
해독 작용이 뛰어나 간 기능 개선에 도움이 된다.”

매년 6월이면 매실 효소 담그느라 전국이 한바탕 열풍을 앓는다. 하지만 대부분은 제대로 된 좋은 매실 효소가 아니라, 끈끈한 농도에 지나치게 단맛이 나는 '설탕물 수준의 매실 액상'을 만들고 있다. 이것은 발효와 숙성이 충분히 이루어지지 않아 매실의 좋은 성분이 100% 추출되지 않은 상태이고, 설탕 또한 이당류 상태로 남아 있기 때문에 당도가 너무 높아 건강에 그다지 이롭지 않다.

매실이 가진 효능은 다양한데 특히 위장 장애와 소화불량에 탁월한 효과가 있다. 매실에 들어 있는 피크린산이란 성분은 음식물 · 혈액 · 물의 독성을 분해하는 해독 능력이 뛰어나고, 피루브산 성분은 간 기능 개선에 도움을 준다. 또한 구연산 등 다량의 유기산이 풍부하게 함유되어 있어 근육에 쌓인 젖산을 분해하기 때문에 피로 회복에 좋다.

매실은 칼슘의 체내 흡수율을 높여주어 뼈 건강에도 도움을 준다.

매실 효소액의 효능

· 위장 장애와 소화불량을 다스린다.

· 해독 작용이 뛰어나 간 기능 개선에 좋다

· 체내 칼슘 흡수율을 높여준다.

채취 시기

양력 6월, 망종(芒種)이 지난 매실 열매를 사용한다. 이 시기 이전의 매실로 효소를 담그면 씨앗이 여물지 않았기 때문에 독성이 나올 수 있다. 또한 너무 익은 황매로 효소를 담그면 매실 자체가 어느 정도 발효된 상태이기 때문에 제대로 된 삼투압이 어렵고, 영양 성분이 빠져나오지 않는다.

직접 채취할 경우 주의할 점

매실을 직접 채취할 때는 가시가 있기 때문에 장갑을 끼는 것이 좋다. 또한 쓴맛이 날 수 있으니 꼭지는 제거해줘야 한다.

도시에서 구입하는 방법

유기농이나 저농약으로 재배한 매실을 제철에 구입하는 것이 좋다. 유독 파릇파릇 싱싱해 보이는 매실은 낙과(落果) 방지나 보존성을 높이기 위해 약품 처리한 것일 가능성이 높다. 이런 매실은 발효 과정에서 이상 현상이 일어날 수 있다.

매실 1kg : 황설탕 800g

매실과 설탕의 비율은 1 : 0.8이다. 매실 무게의 50%인 500g의 설탕은 처음 담그는 과정에서 사용하고, 나머지 300g은 발효 과정에서 2~3회 덮어주는 용도로 쓴다.

1. 매실은 꼭지를 딴 뒤 깨끗하게 씻어 물기를 없앤다. 유기농 매실의 경우 물에 씻지 않고 바로 담글 수 있어 편리하고 신선도도 더욱 좋다.

2. 설탕은 매실 무게의 50%인 500g을 담글 때 사용하는데 그중 일부를 용기 바닥에 1~3cm 두께로 깔아준다.

3. 손질한 매실을 용기에 70% 정도만 오게 담는다. 매실처럼 둥근 과일은 굳이 설탕에 버무릴 필요가 없다.

4. 5번 과정에서 사용할 양은 남겨두고 나머지 설탕을 부어준다. 매실 사이사이로 황설탕이 내려가면서 매실과 황설탕이 자연스럽게 섞이게 된다.

5. 4번 과정에서 남겨둔 설탕을 이용해 매실이 안 보일 정도로 위를 덮어주고 밀봉한다. 직사광선이 들지 않고 통풍이 잘 되는 곳에 두고 발효시킨다

여기까지 사용한 설탕 500g

6. 발효가 시작되면 위에 덮어두었던 황설탕이 흰색으로 변하면서 점차 사라지는 걸 볼 수 있다. 이 설탕이 30%쯤 남았을 때 남겨두었던 설탕 300g 중 1/2을 매실 위에 다시 부어주고 밀봉한다. 어느 정도 시간이 지나면 설탕이 또 녹아 없어진다. 그러면 다시 나머지 분량의 설탕을 부어주고 밀봉한다. 기온, 습도 등 환경에 따라 이 기간은 동일하지 않으므로 관심을 갖고 수시로 들여다보아야 한다.

7. 매실의 발효 기간은 약 2개월이다. 보통 100일로 알고 있는데, 2개월이 넘어가면 매실 씨앗에서 독성 물질이 나오기 때문에 발효 기간은 2개월 이내로 해야 한다.

8. 발효가 잘 된 것은 매실이 쪼글쪼글해지면서 위로 뜨게 된다. 그런 뒤, 다시 몇 개의 매실이 발효액을 먹으며 가라앉기 시작하는데, 바로 이때가 발효액을 거르는 시점이다.

9. 발효가 끝나면 용기 바닥의 설탕이 들어가지 않게 조심하면서 재료를 걸러 원액만 숙성용 병에 담는다.

10. 숙성은 6개월 이상 필요하다. 숙성 장소 또한 발효 장소처럼 바람이 잘 통하고 햇볕이 잘 들어오지 않는 곳이어야 한다.

걸러내고 남은 매실은?

원액을 걸러내고 남은 매실 상태를 보면 발효가 잘 된 것인지 아닌지 알 수 있다. 매실이 완전히 쪼글쪼글해져서 씨앗에 달라붙어 있으면 발효가 잘 이루어진 것이다. 따라서 걸러낸 매실로 장아찌를 담그거나 할 수가 없다. 또한 매실은 끓이면 씨에서 독성이 나오기 때문에 차로 마셔선 안 된다.

만약 발효가 덜 이루어져 매실 과육이 남아 있다면 씨앗과 분리시킨 뒤 된장이나 고추장에 바로 버무려 먹을 수 있다.

매실 효소, 약이 되게 먹는 방법

치료를 목적으로 효소 원액을 음용할 때는 공통적으로 아침 공복에 30cc(소주잔 1잔 정도)를, 저녁 취침 전에 30cc를 마신다. 기호성으로 마실 때는 원액과 미지근한 물의 비율을 1:4 정도로 희석해서 수시로 음용하면 좋다. 뜨거운 물에서는 효소가 죽어버리기 때문에 45도 이하의 미지근한 물이어야 한다.

왕고들빼기 효소

" 간을 튼튼하게 해주며 항암,
항스트레스, 노화 방지 효과가 탁월하다. **"**

전국의 산과 들, 풀밭은 물론 척박한 땅에서 잘 자라는 국화과의 두해살이풀이다. 줄기는 1~2m 정도 곧게 자라며, 잎은 길쭉한 톱니 모양이고, 8~9월에 담황색 꽃이 핀다. 어린순은 나물로 무쳐 먹는데, 키가 자라면서 계속 새순이 올라오기 때문에 끝부분을 꺾어주면 가지가 새로 올라와 가을까지 나물로 먹을 수 있다. 초여름에는 잎을 따서 상추와 함께 쌈채소나 겉절이로 먹으면 입맛을 돋게 하며, 가을에는 뿌리와 잎을 이용해 김치나 장아찌를 담글 수 있다.

생김새나 맛이 고들빼기와 비슷하지만 고들빼기보다 훨씬 크다고 해서 '왕고들빼기'라고 하며, 시골에서는 토끼가 좋아하는 풀이라고 해서 '토끼풀'이라고도 부른다. 지방에 따라 쇠똥나물, 쓴풀이라 부르는 곳도 있다.

한방에서는 고채(苦菜)라 하며 쓴맛을 내는 성분은 면역력을 높여주고, 항암 효과를 갖는다. 특히 간을 튼튼하게 해주므로 간과 관계된 질환에 왕고들빼기를 1년 정도 생식하면 어지간한 병은 고칠 수 있다고 한다.

또한 소화 기능을 좋게 하며 항암, 항스트레스, 항알레르기, 노화 방지에 탁월한 효과가 있다. 설사를 멎게 하고 부기를 가라앉히는 효능이 있으며 뱀에 물린 상처나 요로결석을 치료한다. 혈당 수치를 낮추어 당뇨병과 성인병 예방 효과도 좋다.

왕고들빼기는 민들레와 같이 홀씨로 번식하는데 번식력이 뛰어나 가을에도 씨앗이 발아해 새잎이 자란다. 따라서 봄부터 가을까지 잎, 줄기, 뿌리 전초를 이용해 효소를 담글 수 있다. 하지만 초여름이나 한여름에는 부드러운 윗순을 한 뼘 정도만 잘라 담그며, 이렇게 담그는 효소의 발효 기간은 왕고들빼기 전초로 담근 효소보다 한 달 정도 빠르다.

왕고들빼기 효소액의 효능

- 간을 튼튼하게 하므로 간 질환에 좋다.
- 쓴맛을 내는 성분이 면역력 높여주고 항암 효과를 갖고 있다.
- 설사를 멎게 하고 부기를 가라앉히며 성인병을 예방해준다.

채취 시기

봄에서 여름에 전초를 채취해 사용한다. 한여름에는 줄기가 뻣뻣해서 액이 잘 나오지 않으므로 윗순만 똑똑 잘라서 쓰는 것이 좋다.

왕고들빼기 1kg : 황설탕 1kg

왕고들빼기와 설탕의 비율은 1:1이다. 설탕 분량 중 60%는 용기 바닥에 깔아주고, 버무리고, 덮어주는 용도로 사용하며 나머지 40%는 발효 과정에서 2~3회 덮어주는 용도로 쓴다.

1. 왕고들빼기 전초를 손질해 물에 깨끗이 씻은 뒤 그늘에 널어 물기를 제거한다.
2. 물기가 마르면 왕고들빼기 전초를 약 2~3cm 길이로 잘게 썬다.
3. 설탕은 분량의 60%인 600g을 담글 때 사용하는데, 그중 일부를 용기 바닥에 1~3cm 두께로 붓는다.
4. 7번 과정에서 사용할 설탕을 남겨놓고 나머지 황설탕 모두를 썰어놓은 왕고들빼기에 넣고 버무려준다.
5. 왕고들빼기의 즙이 살짝 배어 나와 설탕이 골고루 묻을 정도로 버무린다.
6. 버무린 왕고들빼기를 준비된 용기에 70% 정도 담는다.
7. 4번 과정에서 남겨둔 설탕을 왕고들빼기가 안 보일 정도로 덮어주고 밀봉한다. 직사광선이 없고 통풍이 잘 되는 곳에서 발효에 들어간다.

   여기까지 사용한 설탕 600g

8. 발효가 시작되면 위에 덮었던 설탕이 녹아 점차 사라지게 된다. 이 설탕이 30%쯤 남았을때 남겨두었던 400g의 설탕을 2~3회 분량으로 나누어 2~3회에 걸쳐 다시 덮어주고 밀봉한다. 이 시기는 기온, 습도 등 환경에 따라 다르므로 관심을 갖고 수시로 들여다보아야 한다.
9. 왕고들빼기의 발효 기간은 5~6개월 정도이다. 윗순만 담글 경우 발효 기간이 한 달 정도 빨라진다.
10. 발효가 끝나면 재료를 걸러내고 원액만 숙성 용기에 담는다. 숙성은 6개월 이상 필요하다.

민들레 효소

"환경호르몬의 독성을 중화시키고,
간 기능 회복을 도와준다."

우리나라 산과 들은 물론, 도심의 공원이나 잔디밭에서도 흔히 볼 수 있는 국화과의 여러해살이풀이다. 예부터 한방에서는 민들레 뿌리 말린 것을 포공영이라 하여 약재로 썼으며, 2009년에는 황재관 연세대 생명공학과 교수에 의해 민들레의 간 독성 해독 및 중금속 제거 효과가 입증되기도 했다.

황재관 교수팀은 TCDD(생활 속에서 배출되는 다이옥신 중 가장 독성이 강한 환경호르몬)라는 독성 물질을 세포주와 흰쥐에게 6개월 동안 주입시킨 뒤 민들레 추출물을 투입시켜 독성이 얼마나 중화되는지를 살폈다. 그 결과 독성 물질에 의한 세포 성장 지연과 세포 괴사 등을 탁월하게 억제했으며, TCDD 때문에 감소했던 흰쥐의 간 무게도 60% 이상 회복된 것으로 나타났다. 민들레의 추출물이 간 독성을 해독하고 간 기능을 개선시킨다는 것이 과학적으로 입증된 셈이다.

민들레는 고들빼기, 씀바귀처럼 쓴맛이 강한 나물이라 이른 봄 입맛을 돋우는 데 좋다. 꽃이 피기 전의 여린 잎을 이용해 무쳐 먹거나 다른 채소와 함께 샐러드로도 많이 먹는다. 녹즙을 내서 치료 목적으로 복용하는 방법도 있다. 봄철에 잎과 꽃을 이용해 효소를 담그면 사계절 내내 먹을 수 있다.

❙ 민들레 효소액의 효능

· 간 기능 회복을 돕고 위를 보호한다.

· 열로 인한 독을 풀어주며 땀을 잘 나게 하고 변비를 치료한다.

· 흰머리를 검게 하고 뼈와 근육을 튼튼하게 한다.

❙ 채취 시기

봄과 여름에는 줄기, 꽃, 잎을 사용하고 꽃이 지고 난 가을에는 뿌리를 포함해 전초를 사용한다. 3~5월에 채취한 민들레가 가장 좋다.

❙ 직접 채취할 경우 주의할 점

봄과 여름의 민들레 뿌리는 생명을 유지시키기 위해 꽃이나 씨로 영양분을 보낸다. 즉, 봄과 여름 민들레는 기운이 뿌리부터 위로 올라오기 때문에 뿌리를 함께 캐서는 안 된다. 가을에 채취할 때는 뿌리가 다치지 않도록 조심한다.

민들레 1kg : 황설탕 1kg

민들레와 설탕의 비율은 1:1이다. 설탕 분량 중 60%는 용기 바닥에 깔아주고, 버무리고, 덮어주는 용도로 사용하며 나머지 40%는 발효 과정에서 2~3회 덮어주는 용도로 쓴다.

1. 민들레는 손질한 뒤 깨끗이 씻어 그늘에서 물기를 말린다. 이때 너무 오래 두어 시들게 하면 안 된다.

2. 물기가 마르면 2~3cm 길이로 썰어준다.

3. 준비한 설탕의 60%인 600g 중 일부를 용기 바닥에 1~3cm 두께로 깔아준다.

4. 7번 과정에서 사용할 설탕을 제외한 나머지 분량의 황설탕을 썰어놓은 민들레에 넣는다.

5. 설탕이 골고루 묻도록 버무려준다. 민들레는 수분이 많지 않기 때문에 재료와 설탕을 잘 버무려야 부패하지 않는다. 골고루 버무려 민들레의 액이 어느 정도 나오게 하되 민들레가 상하지 않도록 조심한다.

6. 설탕과 버무린 민들레를 준비된 용기에 70% 정도만 오게 담는다.

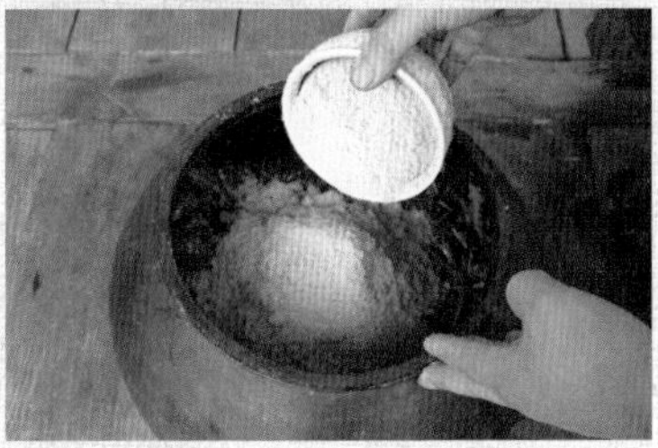

7. 4번 과정에서 남겨둔 황설탕을 민들레가 안 보일 정도로 덮어주고 밀봉한다. 직사광선이 없고 통풍이 잘 되는 곳에서 발효에 들어간다.

여기까지 사용한 설탕 600g

8. 발효가 시작되고 덮어두었던 설탕이 녹아 30%쯤 남으면 남겨두었던 설탕 400g을 2회에 걸쳐 다시 부어주고 밀봉한다. 설탕이 녹아 없어지는 시기나 설탕을 더 부어주는 횟수는 기온, 습도 등 환경에 따라 다르므로 관심을 갖고 수시로 들여다보아야 한다.
9. 민들레의 발효 기간은 4~5개월이다.
10. 발효가 끝나면 재료를 걸러내고 원액만 숙성 용기에 담는다. 숙성은 1년 이상 했을 때 깊은 맛을 낼 수 있다.

민들레 효소 활용법

민들레가 간에 좋다고 알려지면서 민들레김치, 민들레샐러드 등 요리로도 많이 쓰는데, 이때 양념이나 소스에 민들레 효소를 넣어서 만들면 훨씬 맛이 좋다. 민들레는 간뿐 아니라 스트레스 해소와 성장기 어린이들에게도 좋으므로, 온 가족이 즐겨 먹을 수 있다.

양배추 효소

" 위염, 위궤양 등
위 관련 질환에 탁월한 효능을 갖고 있다."

양배추는 당분이 많아 맛이 달고, 비타민 C를 포함한 영양분이 풍부해 서양에서는 오래전부터 대표적인 장수 음식으로 사랑받아왔다. 특히 위 관련 질환에 탁월한 효과가 있는데 항궤양 성분인 비타민 U가 풍부하게 들어 있어 위벽의 점막을 건강하게 해주며, 비타민 K는 궤양으로 인한 출혈을 막아주고 위벽에 생긴 상처를 치료해준다. 비타민 U는 다른 채소에는 거의 들어 있지 않고 양배추만 갖고 있어서 위에 좋은 음식으로 평가받는 것이다.

또 양배추에는 미네랄의 일종인 셀레늄이 많이 들어 있는데, 이 성분이 산화 스트레스를 줄여주어 암과 동맥경화를 예방하는 데 큰 역할을 한다. 산화 스트레스란 체내 활성산소가 많아져 생체 산화 균형이 무너진 상태를 말하며, 모든 질병과 노화의 근원으로 알려져 있다. 양배추 1/2통이면 셀레늄 하루 권장량을 섭취할 수 있다.

양배추에 다량 함유되어 있는 베타카로틴 역시 발암 물질을 제거해주는데, 양배추에 들어 있는 항암 물질은 열에 약하기 때문에 익히지 않고 먹어야 더 효과적이다.

양배추는 각종 비타민이 풍부하게 들어 있어 피부 미용과 다이어트에도 좋다. 특히 비타민 E는 콜라겐 생성을 촉진하고, 여드름이나 주근깨 같은 피부 트러블을 예방하거나 치료하는 효과가 있다. 양배추가 갖고 있는 유황 성분은 살균 작용과 피지 분비를 조절, 각질 제거 작용을 해 마사지 재료로도 많이 쓰인다.

또한 식이 섬유가 풍부한 저칼로리 식품으로, 대장 기능을 원활하게 해주어 콜레스테롤을 배출하는 작용을 하며, 적게 먹어도 영양소는 챙기면서 포만감을 느낄 수 있어 다이어트에 좋다.

❙ 양배추 효소액의 효능

· 항궤양 성분인 비타민 U가 풍부해 위궤양, 위염 등을 치료한다.

· 비타민이 풍부해 피부 미용과 다이어트에 좋다.

· 셀레늄 함유량이 높아 암과 동맥경화를 예방한다.

❙ 채취 시기

사계절 내내 구할 수 있는 채소라서 효소 담그는 시기도 크게 상관이 없다. 잎이 싱싱하고 속이 꽉 찬 것을 고른다.

양배추 1kg : 황설탕 1kg

양배추와 설탕의 비율은 1:1이다. 설탕 분량 중 60%는 용기 바닥에 깔아주고, 버무리고, 덮어주는 용도로 사용하며 나머지 40%는 발효 과정에서 2~3회 덮어주는 용도로 쓴다.

1. 양배추는 맨 바깥쪽의 흙이 묻은 이파리나 시든 이파리를 떼어낸 뒤 밑동을 먼저 잘라내 잘게 썬다.

2. 양배추를 4등분해 나눈 뒤 2~3cm 두께로 잘게 썬다.

3. 설탕은 분량의 60%인 600g을 담글 때 사용하는데, 그중 일부를 용기 바닥에 1~3cm 두께로 붓는다.

4. 6번 과정에서 사용할 분량을 제외한 나머지 황설탕 모두를 썰어놓은 양배추에 넣고 버무려준다. 액이 약간 스며나와 설탕이 골고루 묻을 때까지 손에 힘을 주어 잘 버무린다.

5. 버무린 양배추를 준비된 용기에 70%까지만 오게 담는다.

6. 4번 과정에서 남겨둔 설탕을 양배추가 안 보일 정도로 덮어주고 밀봉한다. 직사광선이 없고 통풍이 잘 되는 곳에서 발효에 들어간다.

여기까지 사용한 설탕 600g

7. 발효가 시작되면 위에 덮었던 설탕이 녹아 점차 사라지게 된다. 이 설탕이 30%쯤 남았을 때 남겨두었던 400g의 설탕을 2~3회 분량으로 나누어 2~3회에 걸쳐 다시 덮어주고 밀봉한다.

8. 양배추의 발효 기간은 약 3~4개월이다.

9. 발효가 끝나면 재료를 걸러내고 원액만 숙성 용기에 담는다. 숙성은 6개월 이상 필요하다.

양배추 효소, 약이 되게 먹는 방법

위 관련 질환이 있는 사람은 아침 공복에 30cc(소주잔 1잔 정도)를, 저녁 취침 전에 30cc를 6개월 이상 꾸준히 마신다. 건강한 사람도 평상시에 미지근한 원액과 물을 1:4 로 섞어 수시로 마시면 위염 · 위궤양 등을 예방할 수 있다.

산초 효소

"속을 따뜻하게 해주고
소화 기능을 좋게 하며, 설사를 막아준다."

산초는 우리나라 중부 이남의 산지에서 자생하는 산초나무의 열매이다. 산초나무는 줄기와 가지에 가시가 나 있고, 피침 형태의 잎 조각이 깃털 모양으로 배열되어 있는데, 이 잎을 따서 비비면 시원한 향기가 난다. 7~9월에 노란색의 꽃이 피고, 열매는 초록색이었다가 10월에 갈색으로 익으며, 껍질이 갈라지면서 검은색 씨앗이 모습을 드러낸다.

산초는 항균 작용과 소염 작용이 뛰어나 각종 피부 질환에 효과적일 뿐 아니라 살균 작용과 해독 작용, 구충 작용을 하여 세균을 없애주기 때문에 예부터 한방과 민간요법에서 많이 이용해온 약용식물이다.

산초 잎은 초여름에 장아찌를 담가서 먹으면 쏙 쏘는 향과 맛으로 입맛을 돋워주고, 열매는 다 익기 전에 채취해 말렸다가 가루를 내 조미료로 쓸 수 있으며, 검은 씨앗은 기름을 짜서 식용 또는 약용으로 사용한다. 특히 산초가루는 추어탕을 먹을 때 많이 넣는데, 산초의 매운맛 성분인 산쇼올이 미꾸라지의 비린내를 없애주고 찬 성질을 중화시키는 역할을 한다. 그뿐 아니라 위장을 튼튼하게 해주고 소화 기능을 좋게 해주므로 산초가루를 음식에 넣어 자주 먹으면 속이 따뜻해지고 소화가 잘 되며, 설사도 예방할 수 있다.

산초의 검은 씨앗엔 다량의 불포화지방산(필수지방산)이 함유되어 있어 기름을 추출할 수 있는데, 역시 살균 작용이 뛰어나 아토피 피부 질환에 바르면 효과를 볼 수 있으며 알레르기 체질을 완화시켜준다.

최근 산초의 이러한 효능에 대한 과학적 연구가 많이 이루어지고 있는데, 경상남도 농업기술원에 따르면 8월 초순경의 어린 산초 열매의 효능이 완전히 익은 것에 비해 높은 것으로 나타났다고 한다. 어린 산초 열매는 10월에 수확한 열매에 비해 불포화지방산 함량이 40% 이상 많고, 식중독균과 같은 유해균을 억제하는 항균 활성 효능과 자궁경부암, 췌장암, 대장암 등 각종 암에 대한 항암 활성이 더 높다고 한다.

❙ 산초 효소액의 효능

· 위장을 튼튼하게 해주고 소화를 잘 되게 한다.
· 생선과 함께 먹으면 식중독균 등을 억제해주고 수은 중독을 해결해준다.
· 살균 작용 뛰어나 아토피 피부 질환에 효과가 있다.

❙ 채취 시기

7월 중순에서 8월 중순까지 산초의 잎과 꽃, 열매를 채취해 사용한다.

🍶 산초 1kg : 황설탕 800g

산초와 설탕의 비율은 1:0.8이다. 산초 무게의 50%인 500g의 설탕은 용기 바닥에 깔아주고, 산초와 섞어주고, 덮어주는 용도로 사용하며 나머지 300g은 발효 과정에서 2~3회 덮어주는 용도로 쓴다.

1. 익지 않은 산초 열매와 꽃, 잎을 손질하여 준비한다. 청정 지역에서 채취한 것이라면 물에 씻지 않아도 된다.

2. 산초 열매를 하나하나 딸 필요는 없고, 큰 송이는 조금 작게 떼어주고, 잎줄기는 한 뼘 크기로 똑똑 분지른다.

3. 설탕은 산초 무게의 50%인 500g을 담글 때 사용하는데, 그중 일부를 용기 바닥에 1~3cm 두께로 붓는다.

4. 준비된 산초 열매와 꽃, 잎을 일부 넣고 황설탕을 적당량 부어준다. 산초는 설탕에 버무리면 향이 없어지기 때문에 바로 설탕을 얹어준다.

5. 다시 산초 열매와 꽃, 잎을 일부 넣고 황설탕을 적당량 부어준다. 이렇게 용기의 70% 정도까지 담는다. 이때 마지막으로 덮어줄 분량의 설탕은 남겨놓고 써야 한다.

6. 재료를 모두 넣었다면 마지막으로 산초 열매와 꽃, 잎이 안 보일 정도로 황설탕을 덮어주고 밀봉한다. 직사광선이 없고 통풍이 잘 되는 곳에서 발효에 들어간다.

여기까지 사용한 설탕 500g

7. 발효가 시작되면 위에 덮었던 설탕이 녹아 점차 사라지게 된다. 이 설탕이 30%쯤 남았을 때 남겨두었던 300g의 설탕을 2회 분량으로 나누어 2회에 걸쳐 다시 덮어주고 밀봉한다. 이 시기는 기온, 습도 등 환경에 따라 다르므로 관심을 갖고 수시로 들여다보아야 한다.
8. 산초 열매와 꽃, 잎의 발효 기간은 약 6개월이다.
9. 발효가 끝나면 재료를 걸러내고 원액만 숙성 용기에 담는다. 숙성은 6개월 이상 필요하다.

갈색으로 익어 검은 씨앗이 드러난 산초 열매

산초 열매는 익기 전에 효소로

산초 열매는 초록색이었다가 점점 갈색으로 변하면서 껍질이 톡 터지는데, 그렇게 익기 전에 초록색의 열매를 채취해서 써야 액이 많이 나오고 향도 좋다.

미나리 효소

"술로 인한 간 질환과 황달,
간염, 간경화에 좋다."

우리나라에서 자생하는 여러해살이풀이다. 들이나 습지, 개울 등 물가 근처의 습한 곳에서 잘 자라며 한약명으로는 수근(水芹) 또는 수영(水英)이라 부른다. 줄기의 속은 비어 있으며 길이는 20~50cm까지 자란다. 7~9월에 원줄기 끝에서 흰색의 자잘한 꽃이 핀다.

미나리는 독특한 향과 맛을 내는 정유 성분이 있어 입맛을 돋워주고 피를 맑게 하며, 해독 작용이 뛰어나 체내에 쌓인 중금속 등을 배출시키는 효과가 있다. 복어탕, 해물탕 등의 요리에 미나리를 넣으면 비린내도 제거하고 해물이 갖고 있는 독도 분해시켜준다.

또 미나리는 숙취의 주범인 아세트알데히드를 빠르게 분해해주고, 간에 좋은 콜린 성분을 다량 함유하고 있어 술로 인한 간장 질환이나 황달, 급성 · 만성간염 및 간경화에 좋다. 콜린 성분이란 간의 지방을 제거해주고 간장 활동을 촉진시키는 물질로, 만성피로를 느끼는 사람이나 허약한 사람이 먹으면 원기 회복에 도움이 된다. 미나리가 간에 특히 좋은 이유 중 하나는 이뇨 작용으로 소변 배출을 원활하게 해주어 간의 부하를 줄여주고 간 기능을 회복시켜주기 때문이다.

미나리가 갖고 있는 또 하나의 효능은 단백질, 철분, 칼슘, 인 등 무기질과 섬유질이 풍부해 혈관계를 맑게 정화시켜 혈압을 낮춰준다는 점이다. 콜레스테롤 수치를 경감시키는 효과도 있어 고혈압 환자와 심혈관 질환을 가진 사람에게 특히 좋다.

미나리는 서늘한 성질이 있어 일사병, 폐렴, 유행성 독감에 먹으면 뛰어난 해열 효과를 볼 수 있다. 해열을 목적으로 할 때는 미나리의 뿌리까지 깨끗이 씻어 전초를 사용하는 것이 좋다. 지혈 효과도 있어 여성들의 하혈에도 쓰이며 야외에서 다쳐 피가 날 때 응급용으로 미나리를 찧어 붙이면 금세 피가 멎는다. 엽록소, 엽산, 철분 등이 많아 빈혈도 예방해준다.

❙ 미나리 효소액의 효능

· 간에 좋은 콜린 성분이 많아 각종 간 질환에 효과가 있다.
· 해독 작용이 뛰어나 해산물의 독을 분해시키고, 체내 중금속을 배출시킨다.
· 만성피로를 느끼는 사람의 원기 회복에 좋다.

❙ 채취 시기

봄에서 가을까지 채취한다. 전초도 가능하나 주로 줄기, 잎, 꽃을 쓴다.

미나리 1kg : 황설탕 1kg

미나리와 설탕의 비율은 1:1이다. 설탕 분량 중 60%는 용기 바닥에 깔아주고, 버무리고, 덮어주는 용도로 사용하며 나머지 40%는 발효 과정에서 2~3회 덮어주는 용도로 쓴다.

1. 미나리는 다듬어 깨끗이 씻은 뒤 그늘에 널어 물기를 말린다.

2. 미나리를 2~3cm 길이로 잘게 썬다.

3. 설탕은 분량의 60%인 600g을 담글 때 사용하는데, 그중 일부를 용기 바닥에 1~3cm 두께로 붓는다.

4. 7번 과정에서 사용할 설탕을 남겨놓고 나머지 황설탕 모두를 썰어놓은 미나리에 넣는다.

5. 설탕이 미나리에 골고루 묻을 수 있게 하되 너무 힘을 주지 말고 살살 버무려준다.

6. 버무린 미나리를 준비된 용기에 70% 정도만 차게 담는다.

7. 4번 과정에서 남겨둔 설탕을 미나리가 안 보일 정도로 덮어주고 밀봉한다. 직사광선이 없고 통풍이 잘 되는 곳에서 발효에 들어간다.

여기까지 사용한 설탕 600g

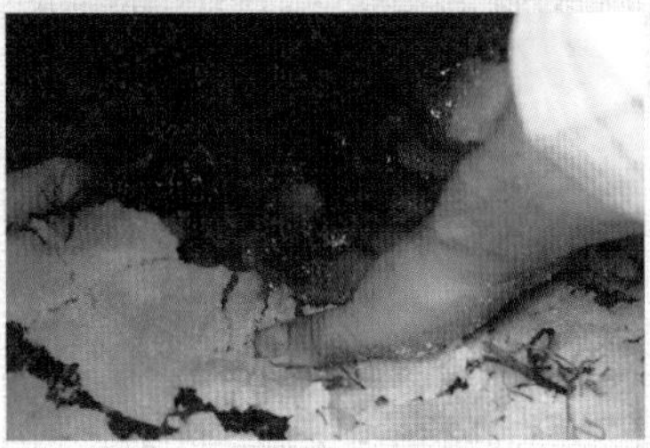

8. 발효가 시작되면 위에 덮었던 설탕이 녹아 점차 사라진다. 이 설탕이 30%쯤 남았을 때 남겨두었던 400g의 설탕을 2회 분량으로 나누어 2회에 걸쳐 다시 덮어주고 밀봉한다. 이 시기는 기온, 습도 등 환경에 따라 다르므로 관심을 갖고 수시로 들여다보아야 한다.

9. 미나리의 발효 기간은 4~5개월이다.

10. 발효가 끝나면 원액만 숙성 용기에 담아 6개월 이상 숙성시킨다.

미나리 효소, 약이 되게 먹는 방법

간 관련 질환이 있는 사람은 아침 공복에 30cc(소주잔 1잔 정도)를, 저녁 취침 전에 30cc를 6개월 이상 꾸준히 마신다. 술자리를 자주 갖는 사람이라면 원액을 미지근한 물과 1:4로 섞어 하루 한 잔씩 마신다.

쑥 효소

"몸을 따뜻하게 해주고 위장과 간, 대장을 튼튼하게 해준다."

쑥은 예부터 만병통치약으로 불렸을 만큼 다양한 효능을 갖고 있다.

첫째, 위장 점막의 혈행을 원활하게 해 위장을 튼튼하게 한다. 또한 대장의 수분 대사를 조절하여 변비 해소에도 도움을 준다.

둘째, 쑥은 지방간과 간경화증에 특효가 있는데, 간에 쌓여 있는 어혈과 지방 덩어리를 분해하여 간 기능을 회복시켜주기 때문이다. 간은 벌집 모양의 많은 방으로 구성되어 있으며, 간 기능이 나빠지면 간의 아랫부분부터 기름이 끼기 시작하고 간이 울퉁불퉁하게 부어올랐다가 나중에는 딱딱하게 굳는다. 쑥은 이 딱딱하게 굳은 어혈과 기름 덩어리를 부수어 몸 밖으로 빼낸다. 이런 이유로 간경화증 환자가 쑥만 먹고도 나은 사례가 많은 것이다.

셋째, 쑥은 피를 만들어내고 혈액이 온몸으로 원활하게 흐르게 도와준다. 또한 간과 골수에서 혈액을 만드는 데 도움을 주고 몸을 따뜻하게 하며, 기혈의 흐름을 순조롭게 하여 빈혈을 예방하고 치료한다.

넷째, 낮은 혈압은 올려주고 높은 혈압은 낮추어 혈압을 조절한다. 생즙을 내어 먹으면 혈압을 떨어뜨리고 말려서 먹으면 낮은 혈압을 올려준다.

다섯째, 모세혈관을 튼튼하게 하는 작용이 뛰어나 혈압이 높더라도 혈관이 터지지 않게 한다. 눈이 충혈되었을 때나 핏발이 섰을 때 쑥잎을 달여서 마시면 얼마 지나지 않아 핏발이 사라진다.

그 밖에도 잘못된 식습관으로 체질이 산성화된 현대인들이 알칼리성 식품인 쑥을 먹으면 체질을 개선할 수 있으며, 혈액 속의 백혈구 수치를 늘려 면역력을 높여준다.

❙ 쑥 효소액의 효능

· 위장을 튼튼하게 하고 변비를 없애준다.

· 간에 쌓인 지방과 어혈을 분해하여 간 기능을 회복시킨다.

· 몸을 따뜻하게 하고 생리를 조절한다.

❙ 채취 시기

음력 5월 5일인 단오를 전후해 쑥잎과 줄기의 윗부분을 채취하여 사용한다. 줄기 부분에 흰털이 있는 쑥을 참쑥이라 하는데, 효소용으로는 참쑥을 사용한다. 줄기 꼭대기부터 한 뼘 정도 되는 곳까지 채취하는 것이 좋다.

쑥 1kg : 황설탕 1kg

쑥과 설탕의 비율은 1:1이다. 설탕 분량 중 60%는 용기 바닥에 깔아주고, 버무리고, 덮어주는 용도로 사용하며 나머지 40%는 발효 과정에서 2~3회 덮어주는 용도로 쓴다.

1. 청정 지역에서 채취한 참쑥은 오염되지 않았기 때문에 씻을 필요가 없다. 아침 이슬이 마르기 전에 채취해 손질한다.

2. 잡티 등을 제거하고 손질한 쑥을 1~2cm 길이로 잘게 썬다.

3. 준비한 설탕의 60%인 600g 중 일부를 용기 바닥에 1~3cm 두께로 깔아준다.

4. 7번 과정에서 사용할 설탕을 제외한 나머지 황설탕을 잘게 썬 쑥에 넣는다.

5. 쑥에서 액이 살짝 나와 설탕이 골고루 묻을 수 있게 버무려준다.

6. 버무린 쑥을 준비된 용기에 70% 정도만 오게 담는다.

7. 4번 과정에서 남겨둔 설탕을 쑥이 안 보일 정도로 덮어주고 밀봉한다. 직사광선이 들지 않고 통풍이 잘 되는 곳에 두고 발효시킨다.

여기까지 사용한 설탕 600g

8. 발효가 시작되면 위에 덮어두었던 설탕이 점차 사라지는 걸 볼 수 있다. 이 설탕이 30%쯤 남았을 때 남겨두었던 400g의 설탕을 2~3회 분량으로 나누어 2~3회에 걸쳐 덮어주고 밀봉한다. 이 시기는 기온, 습도 등 환경에 따라 다르므로 관심을 갖고 수시로 들여다보아야 한다.
9. 쑥의 발효 기간은 3~4개월 정도이다.
10. 발효가 끝나면 재료를 걸러내고 원액만 숙성 용기에 담아 통풍이 잘되는 실온에 두고 1년 이상 숙성시킨다.

참마 효소

"위장을 튼튼하게 해 위장 장애,
위가 약한 사람에게 좋다."

참마는 백합목 마과 덩굴성 여러해살이풀로 위와 장에 좋다. 원기둥 모양의 육질 뿌리가 있으며, 줄기는 뿌리에서 나와 길이 2cm 정도로 뻗고 다른 물체를 감아 올라간다.

동의보감에서는 "따뜻하고 맛이 달며 허약한 몸을 보해주고 오장(五臟)을 채워주며 근골(筋骨)을 강하게 하고 위장을 잘 다스려 설사를 멎게 하며 정신을 편안하게 한다."고 마의 효능을 설명하고 있다.

참마의 대표적 효능은 건위 작용과 강정 작용이다. 건위 작용은 위장, 비장 등 소화기 기능을 강화해 입맛을 돋우고 소화력을 증진시키는 것이며, 강정 작용은 전신의 허탈 증세를 낫게 하는 것이다. 참마가 위에 좋은 이유는 아밀라아제라는 소화 효소가 풍부하기 때문이다. 이 효소가 음식을 평상시보다 3~4배 빨리 소화시켜서 소화불량이나 위장 장애, 위가 약한 사람에게 좋다.

또한 수분이 많아 비장을 튼튼하게 해준다. 비장은 수분이나 습기가 많아야 좋아진다는 이론에 부합하는 것으로, 뿌리가 갖고 있는 흙의 기운과 습기가 비장을 강하게 만들어주는 것이다. 따라서 비장이 허약하여 생기는 설사, 오랜 이질, 소변을 자주 보는 증상도 치료한다.

한방에서 참마는 뼈와 살을 튼튼하게 하고 정력을 강하게 하며, 오래 먹으면 귀와 눈이 밝아지고 오래 살게 하는 보약으로 이름이 높다. 한편 최근 연구 결과 노화 방지에 매우 효과가 높은 것으로 알려진 DHEA의 원료 디오스게닌이 마의 뿌리에 많이 함유돼 있는 것으로 밝혀졌다.

참마 효소액의 효능

· 소화 기능을 강화해주고 위를 튼튼하게 한다.

· 비장이 허약해서 생기는 설사, 이질 등을 치료한다.

· 혈당을 조절해주어 당뇨병 환자에게 좋다.

· 피부 미백 효과와 보습 작용이 있다.

채취 시기

늦가을과 이른 봄에 채취한 참마 뿌리를 사용한다.

직접 채취할 경우 주의할 점

참마 효소는 뿌리를 사용하는 것이니만큼 채취할 때 뿌리가 상하지 않도록 조심한다.

참마 1kg : 황설탕 1kg

참마와 설탕의 비율은 1:1이다. 설탕 분량 중 60%는 용기 바닥에 깔아주고, 버무리고, 덮어주는 용도로 사용하며 나머지 40%는 발효 과정에서 2~3회 덮어주는 용도로 쓴다.

1. 참마 뿌리에 있는 흙을 깨끗하게 제거한 후 흐르는 물에 씻어 물기를 제거한다.

2. 물기가 마르면 약 5cm 크기로 썬다.

3. 준비한 설탕의 60%인 600g 중 일부를 용기 바닥에 1~3cm 두께로 깔아준다.

4. 7번 과정에서 사용할 설탕을 제외한 나머지 분량의 황설탕을 썰어놓은 참마에 넣는다.

5. 참마는 손에 힘을 주어 액이 살짝 나올 때까지 설탕과 골고루 버무려준다.

6. 버무린 참마를 준비된 용기에 70% 정도만 오게 담는다.

7. 4번 과정에서 남겨둔 설탕을 참마가 안 보일 정도로 덮어주고 밀봉한다. 직사광선이 들지 않고 통풍이 잘 되는 곳에 두고 발효시킨다.

여기까지 사용한 설탕 600g

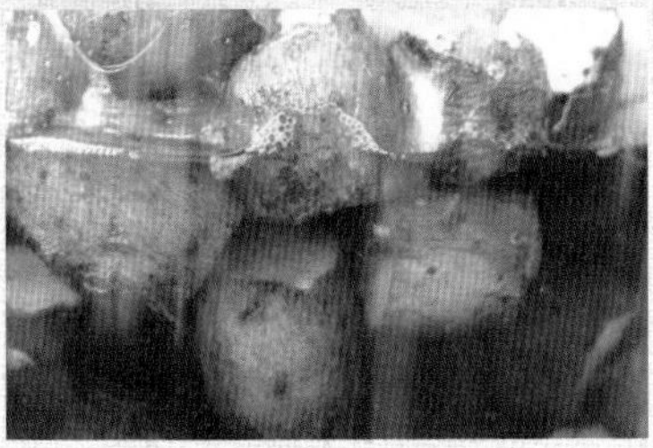

8. 발효가 시작되면 위에 덮어두었던 설탕이 점차 사라진다. 이 설탕이 30%쯤 남았을 때 남겨두었던 400g의 설탕을 2~3회 분량으로 나누어 2~3회에 걸쳐 다시 덮어준다. 참마는 전분이 많아 발효 과정에서 전분이 나오면 액이 탁해지므로 시기를 잘 맞추어서 설탕을 덮어주어야 한다.

9. 참마의 발효 기간은 봄엔 3~4개월, 가을엔 4~5개월이다.

10. 발효가 끝나면 재료를 걸러내고 원액만 숙성 용기에 담는다. 숙성은 1년 이상 필요하다.

걸러내고 남은 참마는?

걸러낸 참마에 술을 1:5의 비율로 부은 뒤 3개월 후에 거르면 참마술이 된다.

죽순 효소

"다랑의 섬유질이 들어 있어
위를 편안하게 해주고 장 운동을 촉진시킨다."

죽순은 대나무의 땅속줄기에서 돋아난 어린순이다. 성장 속도가 매우 빨라 순이 올라온 지 40~60일이면 10m 이상의 대나무로 자란다. 한창 잘 자랄 때는 하루에 1m미터까지 자란 기록도 있다고 한다. 죽순은 새순이긴 하지만 대나무의 모양을 갖추고 있어, 반을 갈라보면 속은 비어 있고 대나무 마디 모양을 그대로 간직하고 있다.

죽순에는 섬유질이 풍부하게 들어 있어 장의 연동운동을 도와주며 장의 기능을 조절해 변비에 효과적이다. 또한 이뇨 작용이 뛰어나 몸에 쌓인 노폐물이나 불필요한 수분을 신속히 배출시키기 때문에 혈액 정화 효능도 있다.

단백질, 비타민 B와 C 등이 다량 함유되어 있어 만성피로를 풀어주고 원기회복을 도와준다. 죽순에 들어 있는 칼륨 성분은 체내 나트륨을 배출시켜 고혈압 예방과 혈압 조절에도 효과적이다.

요즘 새롭게 화제가 되고 있는 죽순의 효능 중 으뜸은 대장암 예방이라 할 수 있다. 죽순에 다량 함유된 베타카로틴 성분은 대장암의 예방과 치료에 뛰어난 효과를 보인다고 한다. 또한 항암 치료 때문에 기력이 떨어진 암 환자가 복용하면 원기를 회복할 수 있다.

이렇게 좋은 효능을 가진 죽순이지만 다량의 섬유질 때문에 위가 약한 사람은 소화가 잘 안 될 수 있으며, 손발이 찬 사람 역시 많이 먹으면 해롭다. 대나무와 죽순이 가진 찬 성질은 몸 안의 열을 내리고, 열로 인한 답답한 증세를 풀어주지만 체질적으로 몸이 찬 사람이나 저혈압인 사람에게는 좋지 않다.

죽순 효소액의 효능

· 섬유질이 풍부해 장의 연동운동을 도와주어 변비에 효과적이다.
· 이뇨 작용이 뛰어나 몸에 쌓인 노폐물을 배출시키고 혈액을 정화시킨다.
· 칼륨 성분이 체내 나트륨을 배출시켜 고혈압을 예방한다.
· 베타카로틴 성분이 다량 함유되어 있어 대장암을 예방해준다.

채취 시기

효소 만들기에 사용하는 죽순은 6월 중순 장마가 시작되기 전에 채취한다. 죽순은 수확 이후부터 점차 떫은맛이 강해지기 때문에 채취하자마자 바로 효소 담금을 시작해야 한다. 죽순의 떫은맛은 담석을 유발시킨다.

죽순 1kg : 황설탕 800g

죽순과 설탕의 비율은 1:0.8이다. 죽순 무게의 50%인 500g의 설탕은 용기 바닥에 깔아주고, 버무리고, 덮어주는 용도로 사용하며 나머지 300g은 발효 과정에서 2~3회 덮어주는 용도로 쓴다.

1. 죽순은 껍질에서 떫은맛이 많이 나올 수 있기 때문에, 떫은맛을 제거하기 위해 껍질을 벗겨낸 뒤 쌀뜨물에 잠시 담가둔다.
2. 죽순의 물기를 제거한 뒤 2~3cm 길이로 잘게 썬다.
3. 설탕은 죽순 무게의 50%인 500g을 담글 때 사용하는데, 그중 일부를 용기 바닥에 1~3cm 두께로 깔아준다.
4. 6번 과정에서 사용할 설탕을 제외한 나머지 황설탕을 죽순과 함께 버무린다.
5. 골고루 버무린 죽순을 준비된 용기에 70% 정도만 오게 담는다.
6. 4번 과정에서 남겨둔 설탕을 죽순이 안 보일 정도로 덮어주고 밀봉한다. 직사광선이 들지 않고 통풍이 잘 되는 곳에 두고 발효시킨다.

   여기까지 사용한 설탕 500g

7. 발효가 시작되면 위에 덮어두었던 설탕이 점차 사라지는 걸 볼 수 있다. 이 설탕이 30%쯤 남았을 때 남겨두었던 설탕 300g을 2회 분량으로 나누어 2회에 걸쳐 죽순 위에 부어주고 밀봉한다. 설탕을 덮어주는 시기는 기온, 습도 등 환경에 따라 다르므로 관심을 갖고 수시로 들여다보아야 한다.
8. 죽순의 발효 기간은 2~3개월 정도이다.
9. 발효가 끝나면 재료를 걸러내고 원액만 숙성 용기에 담는다. 숙성 기간은 최소 1년 이상이다.

죽순 효소 원액

백년초 효소

“ 신경성 위궤양과 장을 치료하며,
항산화 작용과 항암 효과도 있다.”

멕시코가 원산지인 손바닥선인장의 다른 이름이며, 100가지 병을 고친다는 설과 이 열매를 먹으면 백년을 산다고 해서 이렇게 불린다. 북제주군 한림읍 월령리 해안가를 중심으로 자생하고 있으며, 1976년 제주도 지방기념물 제35호로 지정되어 보호받고 있다.

손바닥처럼 둥근 모양의 백년초 줄기와 자주색 열매에는 식이 섬유가 다량 함유되어 있어 변비 및 위염, 장염, 신장염, 항궤양 등에 효과가 있다. 백년초가 32.5%의 식이 섬유를 갖고 있는 반면 일반 과일은 약 10%, 채소류는 0.99~7.42%의 식이 섬유를 갖고 있다. 식이 섬유가 풍부하면 위에서 영양소를 천천히 흡수하게 해 적은 양을 먹어도 포만감을 느낄 수 있으며, 자연스럽게 비만을 방지할 수 있다. 특히 백년초 열매는 신경성 위궤양이나 장에 좋다.

백년초가 갖고 있는 성분 중 또 하나 주목할 만한 것이 플라보노이드다. 플라보노이드는 식물에 널리 분포되어 있는 노란색 계통의 색소인데, 강력한 항산화 작용을 하는 것으로 알려져 있다. 또한 몸의 면역력을 키워 암과 대항할 수 있게 하며 혈액순환도 개선해준다.

비타민 C는 사과의 15배, 칼슘은 멸치의 2배 이상 많아 피부 미용과 성장기 어린이들의 발육, 폐경기 여성 · 노인의 골다공증 예방에도 효과가 있다. 그 외에도 당뇨를 억제하는 효능이 있는데, 멕시코에서는 1987년부터 당뇨 치료제 및 정력제로 활용하고 있다.

백년초 효소액의 효능

· 식이 섬유가 풍부해 변비를 해결해준다.

· 위염, 위궤양, 장염 등에 효과가 있다.

· 비타민 C가 사과의 15배 이상 들어 있어 피부 미용과 노화 방지에 좋다.

· 칼슘 함유량이 많아 뼈를 튼튼하게 하고 골다공증을 예방한다.

채취 시기

11~12월에 자주색으로 익은 백년초의 열매를 채취한다.

도시에서 구입하는 방법

제주도에는 백년초 재배 농장이 많으므로 농장을 통해 구입한다. 같은 선인장 열매이지만 내륙 지역에서 재배되는 것을 천년초라 하는데 이것을 구입해도 된다.

백년초 1kg : 백설탕 800g

백년초와 설탕의 비율은 1:0.8이다. 백년초 무게의 50%인 500g의 설탕은 담글 때 사용하며 나머지 300g은 발효 과정에서 2~3회 덮어주는 용도로 쓴다.

1. 백년초는 깨끗한 물에 가볍게 씻어 물기를 말린다.
2. 설탕은 백년초 무게의 50%인 500g을 담글 때 사용하는데 그중 일부를 용기 바닥에 1~3cm 두께로 깔아준다.
3. 손질한 백년초를 용기에 70% 정도만 담는다. 백년초는 칼로 썰면 액이 나와서 삼투압이 일어나지 않으므로 열매 그대로 써야 한다.
4. 5번 과정에서 사용할 설탕을 뺀 나머지 백설탕 모두를 백년초 담은 용기에 부어준다. 백년초 사이로 백설탕이 내려가면서 백년초와 백설탕이 자연스럽게 섞이게 된다.
5. 4번 과정에서 남겨둔 설탕을 백년초가 안 보일 정도로 덮어주고 밀봉한다. 직사광선이 들지 않고 통풍이 잘 되는 곳에 두고 발효시킨다.

   여기까지 사용한 설탕 500g

6. 발효가 시작되면 위에 덮어두었던 설탕이 점차 사라진다. 이 설탕이 30%쯤 남았을 때 남겨두었던 설탕 300g을 2~3회 분량으로 나누어 2~3회에 걸쳐 다시 덮어주고 밀봉한다. 이 기간은 기온, 습도 등 환경에 따라 다르므로 관심을 갖고 수시로 들여다보아야 한다.
7. 백년초의 발효 기간은 2~3개월이다.
8. 발효가 끝나면 재료를 걸러내고 원액만 숙성 용기에 담는다. 숙성은 6개월 이상 필요하다.

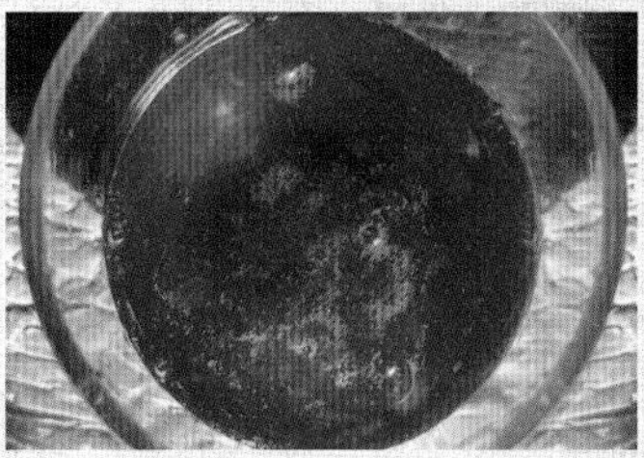

백년초 효소 원액

03

항암 효과 뛰어난 효소

- 개똥쑥 효소
- 와송 효소
- 겨우살이 효소
- 꾸지뽕 열매 효소
- 삼채 효소
- 마늘 효소
- 백련 효소
- 소루쟁이 효소
- 까마중 효소

개똥쑥 효소

“일반 항암제보다 1200배 높은
탁월한 항암 효과를 갖고 있다.”

잔잎쑥, 개땅쑥이라고도 불리는 개똥쑥은 길가나 빈터, 강가에서 자라고 높이는 1m 정도이며 특이한 냄새가 난다. 원래 사람들에게 큰 관심을 받지 못했던 산야초이지만, 효능이 널리 알려지면서 인기가 많아졌다.

개똥쑥은 항암 작용이 아주 뛰어난데, 암세포를 키우는 철 성분을 많이 함유하고 있기 때문이다. 암세포를 키우는 성분인 철이 많이 있다면 암에는 안 좋은 것이 아니냐고 생각할 수도 있지만, 그만큼 암세포를 죽이는 아르테미시닌이라는 성분도 다량 함유하고 있다. 즉, 개똥쑥은 철 성분으로 암세포를 끌어들인 후 아르테미시닌으로 암세포를 죽여 암을 치료하는 것이다. 미국 워싱턴대학의 한 연구 결과에 따르면 항암 효과가 일반 화학 항암제보다 1200배 높다고 한다. 게다가 부작용이 없어 암 치료제로 아주 각광받고 있다.

개똥쑥에는 항암 효과만 있는 것이 아니다. 한 해 100만 명 이상의 목숨을 앗아가는 무서운 질병인 말라리아 치료에도 아주 효과적이라, 1000년 전부터 말라리아의 치료제로 쓰였다고 한다. 이는 4세기 중반에 발간된 책자에 소

개되어 있기도 하며, 세계보건기구에서도 인정한 사실이다. 또한 한방에서는 열감기, 학질, 아이들의 경기, 소화불량, 이질 등의 치료에 사용되기도 한다.

이렇게 다양한 질병에 효과가 좋은 개똥쑥이지만, 찬 성질이 있어 평소 몸이 찬 사람이 다량으로 섭취하게 되면 설사나 배탈을 일으킬 수 있으니 주의해야 한다. 암 환자의 경우 보통 사람보다 체온이 낮으므로 단시간에 다량으로 섭취하면 오히려 몸에 좋지 않을 수 있다. 개똥쑥은 쓴맛이 나기 때문에 그냥 먹기에는 불편하므로 차, 환, 효소, 즙으로 복용하는 것이 좋다.

▎개똥쑥 효소액의 효능

· 뛰어난 항암 작용으로 암을 예방하고 면역력을 높여준다.

· 소화를 돕고 간 기능을 회복시킨다.

· 몸의 열을 내리고 소염 작용으로 염증을 낫게 한다.

▎채취 시기

6월 중순부터 말경에 채취한다. 줄기의 두께가 0.5cm 미만인 것을 써야 하며, 그보다 굵은 줄기는 잎만 떼어서 쓴다.

개똥쑥 1kg : 황설탕 1kg

개똥쑥과 설탕의 비율은 1:1이다. 설탕 분량 중 60%는 용기 바닥에 깔아주고, 버무리고, 덮어주는 용도로 사용하며 나머지 40%는 발효 과정에서 2~3회 덮어주는 용도로 쓴다.

1. 개똥쑥을 채취해 잘 다듬은 뒤 2cm 길이로 잘게 썬다. 청정 지역에서 채취한 것이나 유기농 개똥쑥은 씻지 않아도 된다.

2. 준비한 분량의 설탕 중 60%인 600g 중 일부를 용기 바닥에 1~3cm 깔아준다.

3. 6번 과정에서 사용할 설탕을 남겨놓고 나머지 설탕 모두를 썰어놓은 개똥쑥에 넣는다.

4. 손에 힘을 주어 5~10분 이상 설탕과 개똥쑥을 버무려준다. 쑥에서 액이 살짝 나와서 윤기가 날 정도가 되어야 한다.

5. 잘 버무린 개똥쑥을 용기에 70% 정도만 차게 담는다.

6. 3번 과정에서 남겨둔 설탕을 개똥쑥이 안 보일 정도로 덮어주고 밀봉한다. 직사광선이 들지 않고 통풍이 잘 되는 곳에서 발효시킨다.

여기까지 사용한 설탕 600g

7. 발효가 시작되면 위에 덮었던 설탕이 하얀색으로 변하면서 녹아 사라지게 된다. 이 설탕이 30%쯤 남아 있을 때 다시 설탕을 덮어주는데, 이 과정을 3회에 걸쳐 한다. 처음 분량에서 남겨두었던 400g의 설탕을 3회에 걸쳐 덮어주는 용으로 사용하는 것이다. 이 시기는 기온, 습도 등 환경에 따라 다르므로 관심을 갖고 수시로 들여다보아야 한다.

8. 개똥쑥의 발효 기간은 4~5개월이다.

9. 발효가 끝나면 액만 걸러 숙성 용기에 담아 숙성시킨다. 개똥쑥의 숙성 기간은 최소 1년이다.

와송 효소

"암세포를 파괴하고 면역 항체를
증가시켜 암세포 전이를 예방한다."

바위솔이라 불리며 산과 바위에서 자라는 다년생 초본이다. 햇볕이 잘 드는 바위에서 잘 자라며 키는 20~40cm 정도이고, 끝 부분이 가시처럼 날카롭다. 집 주변 오래된 기와에서 흔히 볼 수 있기 때문에 와송(瓦松)이라고 불린다. 관상용으로도 아주 좋아 화분에 넣어 키우기도 한다.

명나라 약학서 《본초강목》과 청나라 의서 《의종금감》 등 수많은 중국 의서에 악성종양, 부인병, 화상, 습진, 간염, 중풍, 화상, 해열, 당뇨 등에 사용되며 뱀이나 벌레 물린 데 해독제로 이용된다고 나와 있다.

이렇게 수많은 효과가 있는 와송이지만, 현대 의학에서는 '항암'에 초점을 맞추어 연구하고 있다. 2011년 인제대 임상병리학과 이동석 교수가 10년 넘게 와송을 연구하여 발표한 〈와송의 항암 · 항균 등의 효능〉이라는 논문에서 와송의 항암 효과를 입증하고 있으며, 와송을 이용한 바이오 신약 개발을 제안하기도 했다. 이동석 교수는 방광암으로 투병하던 한 남성이 와송을 꾸준히 복용한 뒤 완치되었다는 이야기를 듣고 와송의 항암 작용에 대해 연구했

고, 그 결과 와송에 강한 항암 효과가 있다는 것을 밝혀냈다. 뿐만 아니라 각종 암세포를 파괴하면서 면역 항체를 증가시켜 암세포 전이를 예방하고 암 예방과 수술 후 재발 방지에도 효과적이며, 노화 방지는 물론 간 해독, 당뇨, 혈압, 대장 종양, 여성 생리 활성 등에도 아주 좋다고 한다.

미용 효과도 뛰어나 와송을 직접 바르면 피부결이 좋아진다. 특히 와송을 팩으로 만들어 사용하면 아토피 증상을 완화시킬 수 있다.

❙ 와송 효소액의 효능

· 암 예방 및 암세포가 전이되는 걸 막아준다.

· 세포 재생 효과 뛰어나 노화를 방지한다.

· 손상된 간 기능을 회복시키는 효능이 있다.

· 아토피성 피부염 증상을 개선해준다.

❙ 채취 시기

7월 중순 꽃대가 올라올 즈음부터 7월 말까지의 와송이 좋다.

와송 1kg : 황설탕 1kg

와송과 설탕의 비율은 1:1이다. 설탕 분량 중 60%는 용기 바닥에 깔아주고, 버무리고, 덮어주는 용도로 사용하며 나머지 40%는 발효 과정에서 2~3회 덮어주는 용도로 쓴다.

1. 와송은 물에 씻으면 겉에 있는 미생물이 씻겨 나가 발효에 문제가 생길 수 있다. 밑동 부분만 잘 다듬고 먼지를 털어낸 뒤 그대로 쓰는 것이 좋다.

2. 칼로 썰면 와송에서 액이 나와 삼투압이 일어나지 않는다. 와송 잎은 손으로 하나하나 떼어주고, 줄기는 손으로 똑똑 분질러 준비한다.

3. 분량의 설탕 중 60%인 600g의 일부를 용기 바닥에 깔릴 만큼 1~3cm 두께로 붓는다.

4. 7번 과정에서 사용할 설탕을 뺀 나머지 황설탕 모두를 손질한 와송에 붓고 골고루 버무린다.

5. 와송은 너무 세게 버무리지 말고 설탕이 고루 묻을 정도로만 섞어주는데, 잎에 물기가 살짝 돌 정도면 잘 버무려진 것이다.

6. 잘 버무린 와송을 용기에 70% 정도만 차게 담는다.

7. 4번 과정에서 남겨둔 설탕을 와송이 안 보일 정도로 덮어주고 밀봉한다. 직사광선이 들지 않고 통풍이 잘 되는 곳에서 발효에 들어간다.

여기까지 사용한 설탕 600g

8. 발효가 시작되면 위에 덮었던 설탕이 녹아 점차 사라지게 된다. 이 설탕이 30%쯤 남았을 때 남겨두었던 400g의 설탕을 2~3회 분량으로 나누어 2~3회에 걸쳐 다시 덮어주고 밀봉한다. 이 시기는 기온, 습도 등 환경에 따라 다르므로 관심을 갖고 수시로 들여다보아야 한다.
9. 와송의 발효 기간은 2 ~3개월이다.
10. 발효가 끝나면 액만 걸러 숙성 용기에 담아 숙성시킨다. 숙성 기간은 6개월 이상이다.

겨우살이 효소

> “천연 암 치료제로 쓰일 만큼
> 강력한 항암 물질을 갖고 있다.”

겨우살이는 나무줄기 위에 사는 착생식물로 참나무, 팽나무, 뽕나무, 떡갈나무, 자작나무, 버드나무, 오리나무, 밤나무, 소나무, 동백나무 등 나무줄기에 뿌리를 박고 물과 영양분을 흡수하면서 살아가는 여러해살이 기생목이다. 여름에는 다른 식물의 그늘에 가려서 자라지 않고 있다가 가을이 되어 다른 식물의 나뭇잎이 떨어지면 꽃을 피우고, 겨울에는 구슬처럼 생긴 연한 노란색 열매를 맺는다.

겨우살이는 면역력을 키워주는 최고의 항암 식물인데, 요즘 유럽에서 가장 널리 쓰이는 천연 암 치료제가 바로 겨우살이 추출물이다. 독일에서만 한 해에 300톤 이상의 겨우살이를 가공해 항암제나 고혈압, 관절염의 치료약으로 쓰고 있다. 다른 나라의 실험에 따르면, 동물 실험에서 겨우살이를 달인 물이 암 세포를 77% 억제했고, 흰 생쥐에게 이식한 암세포의 성장을 90% 이상 억제했다고 한다. 최근 연구 결과에 따르면, 우리나라에서 자란 겨우살이가 유럽에서 자라는 겨우살이보다 항암 효과가 훨씬 높다고 한다.

겨우살이는 혈압을 떨어뜨려 동맥경화로 인한 심장병을 낫게 한다. 근육과 뼈를 튼튼하게 하고 간과 신장을 이롭게 하므로 류머티스성 관절염을 비롯하여 신경통, 요통 치료에도 효과가 크다. 성질이 차지도 덥지도 않으므로 체질에 관계없이 사용할 수 있으며 만성병으로 몸이 쇠약해졌을 때 오랫동안 먹으면 기운이 나고 부작용도 없다. 당뇨병과 그 합병증으로 인한 폐결핵에는 겨우살이와 함께 소태나무 껍질, 숙지황, 산수유, 마, 목단피, 복령, 택사, 모려가루를 함께 쓰면 폐결핵이 낫고 그 후에 당뇨병이 낫는다. 여성의 생리불순, 자궁염, 산후에 나쁜 것이 잘 빠져나오지 않는 데에도 효과가 좋다.

❙ 겨우살이 효소액의 효능

· 올레아놀산, 사포닌 등의 성분이 암 세포의 성장을 억제한다.

· 혈압을 떨어뜨려 동맥경화, 고혈압, 심장병에 좋다.

· 근육과 뼈를 튼튼하게 해주어 관절염, 신경통 등에 효과적인다.

❙ 채취 시기

겨우살이 채취 시기는 12월부터 3월까지이다.

겨우살이 1kg : 배 3kg : 황설탕 4kg

겨우살이는 액이 많이 나오지 않기 때문에 배를 활용하며, 설탕의 비율은 겨우살이+배(합해서 4kg)와 1:1로 맞춘다. 설탕 분량 중 60%는 용기 바닥에 깔아주고, 버무리고, 덮어주는 용도로 사용하며 나머지 40%는 발효 과정에서 2~3회 덮어주는 용도로 쓴다.

1. 겨우살이는 물에 씻지 않아도 되며, 배는 깨끗이 씻어 물기를 닦는다.
2. 준비한 양의 겨우살이를 2~3cm 크기로 잘게 썬다. 배는 4등분한 뒤 껍질, 씨방과 함께 2cm 두께로 썬다.
3. 분량의 설탕 중 60%인 2.4kg의 일부를 용기 바닥에 깔릴 만큼 1~3cm 두께로 붓는다.
4. 잘게 썰어놓은 겨우살이와 배에 황설탕을 넣고 버무려준다. 이때 6번 과정에서 사용할 설탕은 남겨두어야 한다.
5. 버무린 겨우살이와 배를 준비된 용기에 70% 정도 담는다.
6. 4번 과정에서 남겨둔 설탕을 겨우살이와 배가 안 보일 정도로 덮어주고 밀봉한다. 직사광선이 들지 않고 통풍이 잘 되는 곳에 두고 발효에 들어간다.

여기까지 사용한 설탕 2.4kg

7. 발효가 시작되면 위에 덮었던 설탕이 점차 녹아 사라지게 된다. 이 설탕이 30%쯤 남았을 때 남겨두었던 1.6kg의 설탕을 2~3회 분량으로 나누어 2~3회에 걸쳐 다시 덮어주고 밀봉한다. 이 시기는 기온, 습도 등 환경에 따라 다르므로 관심을 갖고 수시로 들여다보아야 한다.
8. 겨우살이의 발효 기간은 7~8개월 정도 걸린다.
9. 발효가 끝나면 재료를 걸러내고 원액만 숙성 용기에 담는다. 숙성은 1년 이상 필요하다.

겨우살이 효소 원액

꾸지뽕 열매 효소

“플라보노이드계 항암 물질을 다량
함유하고 있으며, 항산화 물질도 풍부하다.”

생김새가 ‘굳이’ 뽕나무를 닮았다 하여 꾸지뽕나무라는 이름이 붙었으며, 줄기에 길고 날카로운 가시가 있다. 열매는 오디를 닮았으나, 오디보다 훨씬 크고 가을철에 빨갛게 익는다.

꾸지뽕나무는 플라보노이드계 성분을 다량 함유하고 있어 항암 효과가 탁월한데, 이에 대한 연구가 활발히 이루어져 특허도 출원되었다. 특허 출원된 내용에 따르면 꾸지뽕나무 추출액으로 제조한 신규 플라보노이드계 항암 물질은 다양한 암세포에 대해 강한 항암 활성을 나타내어 암 치료에 매우 유용하다고 한다. 폐암, 대장암, 피부암, 자궁암 등에 효과가 높은 성분이 꾸지뽕나무의 줄기 껍질에 다량 함유되어 있다는 한국과학기술원의 논문도 보도된 바 있다.

게다가 우리 몸에 있는 활성산소(유해 산소)를 해가 없는 물질로 바꿔주는 항산화 물질 중 하나인 폴리페놀도 함유하고 있다. 꾸지뽕나무의 부위별 항산화 활성을 몇 가지 방법으로 측정한 결과, 줄기의 껍질에서 추출한 수용성

물질이 다른 부위에서 추출한 수용성 물질에 비해 높은 항산화 활성을 보였으며, 각 부위에서 추출한 수용성 물질 중 총 폴리페놀 화합물의 함량은 열매가 가장 많았고 그 다음이 잎, 뿌리의 껍질, 줄기의 껍질순이었다.

꾸지뽕나무의 열매는 피가 엉겨서 생성되는 어혈을 없애주어 동맥경화 치료에 효과적이며 고혈압 개선에도 좋다. 또한 기억력을 좋게 하며, 정신을 안정시키고 노화 방지에 효과적이다. 아스파라긴산 성분이 있어 숙취 해소에 좋고 갈증을 멈추게 하며, 머리카락을 검게 하는 효과도 있다.

❙ 꾸지뽕 열매 효소액의 효능

· 플라보노이드 성분이 암세포가 자라는 것을 막아준다.

· 폴리페놀 성분이 노화를 방지해준다.

· 어혈을 풀어주어 동맥경화와 고혈압 개선에 효과적이다.

· 아스파라긴산 성분이 숙취를 빨리 풀어준다.

❙ 채취 시기

10~11월에 붉은색으로 잘 익은 꾸지뽕 열매를 채취한다.

꾸지뽕 열매 1kg : 백설탕 800g

꾸지뽕 열매와 설탕의 비율은 1:0.8이다. 꾸지뽕 열매 무게의 50%인 500g의 설탕은 담글 때 사용하며 나머지 300g은 발효 과정에서 2~3회 덮어주는 용도로 쓴다.

1. 꾸지뽕 열매는 이물질만 골라내고 가급적 씻지 않는 게 좋다.
2. 분량의 설탕 중 꾸지뽕 열매 무게의 50%인 500g의 일부를 용기 바닥에 깔릴 만큼 1~3cm 두께로 깔아준다.
3. 깨끗하게 손질한 꾸지뽕 열매를 용기에 70% 정도만 차게 담는다.
4. 5번 과정에서 사용할 설탕을 제외한 나머지 설탕을 꾸지뽕 열매 위에 천천히 붓는다.
5. 꾸지뽕 열매 사이사이로 설탕이 골고루 스며들어가면, 4번 과정에서 남겨둔 설탕을 꾸지뽕 열매가 안 보일 정도로 덮어주고 밀봉한다.

   여기까지 사용한 설탕 500g

6. 직사광선이 들지 않고 통풍이 잘 되는 곳에 두고 발효시킨다.
7. 발효가 시작되면 위에 덮었던 설탕이 녹아 점차 사라지게 된다. 이 설탕이 30%쯤 남았을 때 남겨두었던 설탕 300g을 2~3회 분량으로 나누어 2~3회에 걸쳐 다시 덮어주고 밀봉한다. 이 시기는 기온, 습도 등 환경에 따라 다르므로 관심을 갖고 수시로 들여다보아야 한다.
8. 꾸지뽕 열매의 발효 기간은 2~3개월이다.
9. 발효가 끝나면 액만 걸러 숙성 용기에 담아 6개월 이상 숙성시킨다.

걸러내고 남은 꾸지뽕 열매는?

밀폐용기에 담아 냉장고에 보관하면서 차로 마시면 좋다. 뜨거운 물을 미지근하게 식힌 다음 기호에 따라 꾸지뽕 열매를 넣어 우려내 마신다.

삼채 효소

"유황 함유율이 마늘의 6배로,
항암 작용과 피부 노화 방지 효과가 있다."

알리움후커리라는 학명을 가진 삼채는 원산지가 미얀마이며, 히말라야 산맥의 해발 1400~4200m에서 자란다. 부추와 닮아 뿌리부추라고도 불린다. 인삼, 마늘, 부추, 파 등을 합친 것같이 쓰면서도 달콤하고 매콤한 3가지 맛을 모두 느낄 수 있어 삼채(삼미채)라는 이름이 붙었다.

삼채의 주요 성분은 항산화 및 혈관 질환에 좋은 질소, 나트륨의 배설을 촉진하고 고혈압 조절에 효과적인 칼륨, 혈액 생성 및 빈혈 예방 효과가 있는 철분, 연골 재생 및 피로 회복에 좋은 망간, 후각과 미각 기능 및 성장에 도움을 주는 아연 등이다. 이중에 가장 대표적인 성분은 바로 유황이다.

유황은 단백질을 합성하고 비타민 함량을 증대시켜주며 식물 체내에서 효소를 활성화해준다. 게다가 항암 효과도 있다. 한국식품개발원에 따르면 삼채는 100g당 3.28mg의 유황 성분을 함유하고 있어, 대표적인 유황 작물로 알려진 마늘에 비해 6배나 많다고 한다. 유황은 항암 효과뿐 아니라 피부 노화 방지, 아토피나 무좀과 같은 피부 질환에도 효과가 좋다. 또한 콜레스테롤

합성을 억제하고 혈전을 분해하는 성질이 있어, 혈전으로 인해 발생하는 당뇨병, 고혈압, 고지혈증을 예방해주기도 한다.

뿐만 아니라 삼채는 섬유소를 많이 함유하고 있어 피를 맑게 해주는 정혈 작용을 하고 배변 촉진에도 도움을 준다. 그 외에 관절염에 탁월한 효과가 있다고 알려져 있으며, 탈모 방지 및 모발 생성 작용도 한다.

❙ 삼채 효소액의 효능

· 식이 유황 성분이 풍부해 항암 효과가 뛰어나다.

· 유황 성분이 피부 독성을 제거해 피부 질환을 치료하고 노화를 방지한다.

· 콜레스테롤 수치를 낮춰주어 혈액순환을 원활하게 한다.

· 다량의 식이 섬유가 변비 해소에 도움을 준다.

❙ 채취 시기

삼채의 잎줄기는 6월부터 가을까지 채취가 가능하고 11월부터는 뿌리를 이용한다. 삼채는 줄기가 굵고 생기 있는 것이 좋다.

삼채 1kg : 황설탕 1kg

삼채와 설탕의 비율은 1:1이다. 설탕 분량 중 60%는 용기 바닥에 깔아주고, 버무리고, 덮어주는 용도로 사용하며 나머지 40%는 발효 과정에서 2~3회 덮어주는 용도로 쓴다.

1. 삼채는 깨끗이 씻어 물기를 말린다.

2. 분량의 설탕 중 60%인 600g의 일부를 용기 바닥에 1~3cm 두께로 붓는다.

3. 삼채의 물기가 완전히 마르면 삼채를 한 줌 길이로 비틀어 자른다. 칼을 이용해 써는 것보다 손으로 비틀어 자를 때 액이 더 잘 나오기 때문에 설탕과 잘 버무려지는 장점이 있다.

4. 7번 과정에서 사용할 설탕을 제외한 나머지 황설탕을 삼채에 붓고 골고루 버무린다.

5. 설탕이 삼채에 고르게 묻어야 발효 과정에서 부패할 염려가 없기 때문에 손에 힘을 좀 주어서 삼채의 향과 액이 스며나올 때까지 버무려준다. 너무 세게 버무려서 풋내가 나면 안 된다.

6. 설탕에 버무린 삼채를 용기에 70% 정도만 차게 담는다.

7. 4번 과정에서 남겨둔 설탕을 삼채가 안 보일 정도로 덮어주고 밀봉한다. 직사광선이 들지 않고 통풍이 잘 되는 곳에 두고 발효에 들어간다.

여기까지 사용한 설탕 600g

8. 발효가 시작되면 위에 덮었던 설탕이 점차 사라진다. 이 설탕이 30%쯤 남았을 때 남겨두었던 400g의 설탕을 2~3회 분량으로 나누어 2~3회에 걸쳐 다시 덮어주고 밀봉한다. 이 시기는 기온, 습도 등 환경에 따라 다르므로 관심을 갖고 수시로 들여다보아야 한다.

9. 삼채의 발효 기간은 3~4개월이다.

10. 발효가 끝나면 액만 걸러 숙성 용기에 담아 숙성시킨다. 삼채의 숙성 기간은 1년 이상이다.

마늘 효소

" 암을 예방하고 암세포를 억제하는
효과가 있으며 고혈압, 당뇨에도 좋다. **"**

곰이 마늘과 쑥을 먹고 사람이 되었다는 단군신화만 보더라도 우리나라 사람들이 마늘을 얼마나 오랜 기간 먹어왔는지 알 수 있다. 고대 이집트에서는 피라미드 건설에 동원된 사람들의 건강을 위해 마늘을 먹이기도 했다. 독특한 냄새와 맛 때문에 외국인들은 마늘을 꺼려하지만, 최근 마늘의 우수한 항암 효과가 알려지면서 관심이 높아지고 있다. 미국의 〈타임〉 건강 특집호에서는, 마늘이 콜레스테롤을 억제하는 등 심장에 좋은 식물성 화학 성분을 많이 함유하고 있어 건강에 좋은 식품이라고 소개하기도 했다.

이처럼 마늘은 많은 나라에서 항암 식품으로 인정받고 있으며, 하루에 한 쪽씩 먹으면 위암과 대장암 예방 효과가 있어 미국에서도 건강식품으로 판매되고 있다. 마늘은 혈액 응고를 감소시키기 때문에 아스피린 같은 항응고제 약물을 처방받은 사람은 주의해야 하며, 위가 약한 사람은 빈속에 먹지 않아야 한다.

마늘은 당질로 이루어져 있으며 단백질도 풍부하다. 칼륨, 아연, 구리 등의 미네랄이 많아 고혈압 예방에도 좋다. 또한 살균 효과가 있으며, 이는 페니실린이나 테라마이신보다 강력하다.

비타민 B가 다량으로 포함되어 있어 체력 증강 및 피로 회복에도 좋으며 알리신 성분은 동맥경화 개선과 노화 방지 및 냉증에도 좋다. 알리신은 인슐린 분비를 촉진시켜 당뇨를 개선하는 효과도 기대할 수 있다. 또한 위 점막을 자극하고 위액 분비를 촉진시켜 소화에 도움을 주며, 대장 운동도 활발하게 해준다. 뿐만 아니라 신경세포의 흥분을 진정시키며 스트레스 해소 및 불면증 해소에도 아주 좋다.

▎마늘 효소액의 효능

· 셀레늄과 유기성 게르마늄, 유황 성분이 암을 예방해준다.

· 마늘의 알리신 성분이 인슐린 분비를 돕기 때문에 당뇨에 좋다.

· 강력한 살균 작용으로 식중독을 막아준다.

· 뛰어난 강장 작용으로 감기를 예방하고 감기 회복에도 도움이 된다.

▎채취 시기

채취 시기는 6~8월이지만 효소를 담글 때는 수확한 햇마늘을 1~2개월 저장했다 쓰는 것이 좋다. 마늘에 많이 들어 있는 유황 성분을 어느 정도 부드럽게 만들기 위해 기간을 두는 것이다.

마늘 1kg : 황설탕 1kg

마늘과 설탕의 비율은 1:1이다. 설탕 분량 중 50%는 용기 바닥에 깔아주고, 버무리고, 덮어주는 용도로 사용하며 나머지 50%는 발효 과정에서 2~3회 덮어주는 용도로 쓴다.

1. 마늘은 대와 뿌리를 잘라내고 껍질에 묻어 있는 흙을 깨끗이 털어낸다. 흙이 많이 묻어 있으면 씻어서 그늘에 널어 말린다.

2. 분량의 설탕 중 50%인 500g 중 일부를 용기 바닥에 1~3cm 두께로 깔아준다.

3. 용기에 70% 정도 되게 마늘을 통째로 담는다.

4. 5번 과정에서 사용할 분량을 제외한 나머지 설탕을 곧바로 부어 마늘 사이로 스며들게 한다.

5. 4번 과정에서 남겨둔 설탕을 마늘이 안 보일 정도로 덮어준 뒤 밀봉해 직사광선이 없고 통풍이 잘 되는 곳에서 발효에 들어간다. 마늘은 자체에 해독 성분이 있어 곰팡이가 잘 생기지 않기 때문에 초보자도 쉽게 담글 수 있다.

여기까지 사용한 설탕 500g

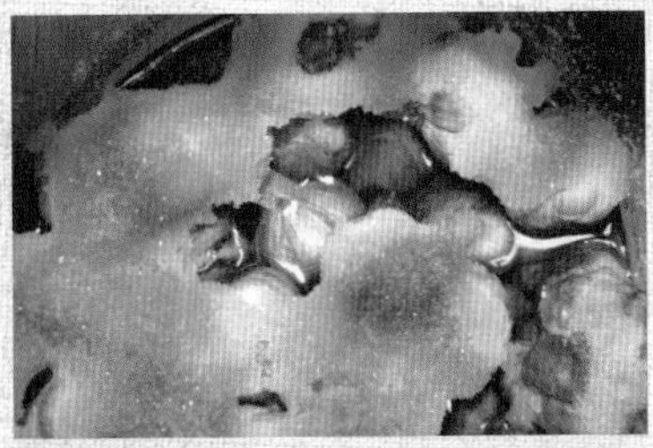

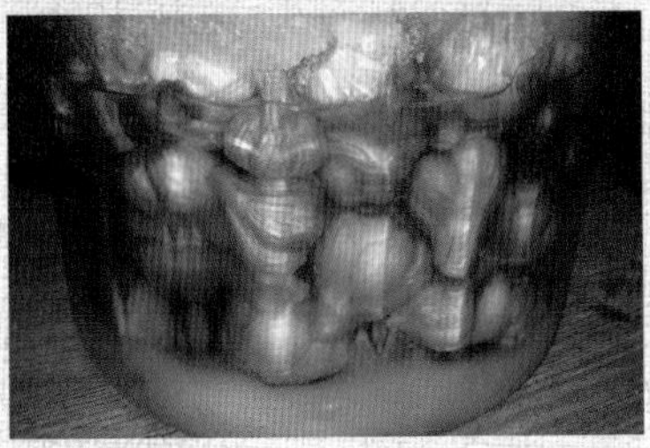

7. 발효가 시작되면 위에 덮었던 설탕이 녹아 점차 사라지고 마늘이 위로 뜨게 된다. 이 설탕이 30%쯤 남았을 때 남겨두었던 50%의 설탕을 3회 분량으로 나누어 3회에 걸쳐 다시 덮어주고 밀봉한다. 위의 설탕이 다 녹지 않았다면 굳이 더 넣어주지 않아도 된다. 즉, 상태에 따라 500g의 설탕을 모두 넣지 않아도 발효가 잘 이루어질 수 있다.

8. 마늘의 발효 기간은 여름에 담글 경우 3~4개월, 가을에 담그면 5~6개월이다.

9. 발효가 끝나면 액만 걸러 숙성용 용기에 담아 숙성시킨다. 숙성 기간은 1년 이상 필요하다.

걸러내고 남은 마늘은?

발효가 잘 끝난 마늘은 액이 모두 빠져나와 쪼글쪼글한 상태가 된다. 이것을 살짝 말리면 마치 설탕에 졸인 정과처럼 달고 쫄깃쫄깃하기 때문에 냉장고에 보관해두고 간식처럼 먹으면 맛도 좋고 건강에도 아주 좋다.

마늘 효소 활용법

마늘 효소는 치료 목적으로 원액을 아침, 저녁 꾸준히 음용하는 방법도 있지만, 실생활에서 쌈장이나 소스, 무침 양념 등에 자주 넣어서 먹으면 특유의 감칠맛을 느낄 수 있다.

백련 효소

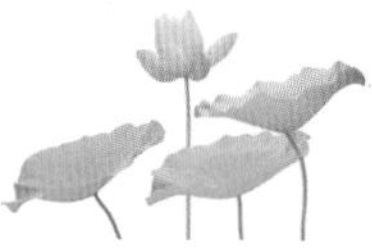

"항암 효과 뛰어나고
폐, 기관지 등의 오장을 다스린다."

백련(흰 연꽃)은 수련과의 여러해살이풀로 우리나라 각지의 연못이나 습지에서 잘 자란다. 잎자루와 꽃자루에 가시 돌기가 있으며, 잎은 둥근 모양이다. 꽃은 7~8월에 피고 9월에 검은색의 단단한 열매가 맺힌다.

전체적으로 항산화, 혈압 강하, 콜레스테롤 감소 및 식후 혈당 강하 작용 등을 가져 퇴행성 질환에 유용한 것으로 밝혀지고 있다. 특히 백련은 항암 효과가 뛰어나고 폐, 기관지 등 오장 자체를 다스릴 수 있는 영양소가 많아 성장기 어린이에게도 아주 좋다.

백련은 꽃, 잎, 뿌리, 씨 등에 많은 효능이 있어 약재뿐 아니라 식용으로도 널리 쓰이고 있다. 연꽃은 마음을 맑게 해주어 차로 많이 마시는데, 혈액순환을 돕고 어혈을 풀어준다고 알려져 있다. 연잎은 지혈 작용이 있어 소화기 계통의 출혈에 쓴다. 기침, 가래, 천식에 효과가 있으며, 지방 분해 작용이 있어 다이어트에 도움을 준다.

연의 줄기는 해열 작용이 있으며 여름에 더위로 인한 식욕 부진에 좋다. 수렴 작용으로 장염, 설사에도 쓴다. 연밥(씨앗)은 병후 허약으로 인한 식욕부진에 인삼과 함께 죽을 쑤어 먹으면 좋다. 말초 혈류를 개선하여 피부 미용에 효과가 있으며, 종피의 소염 및 진통 작용으로 퇴행성 관절염에 약주로 음용하면 효과적이다. 항우울 작용으로 갱년기 우울증 및 신경과민으로 인한 불면증에 약으로 쓴다.

연의 뿌리인 연근에는 비타민 C와 철분이 풍부하게 들어 있어 빈혈을 예방해준다. 뮤신이라는 성분이 단백질의 소화를 돕고 위벽을 보호하며, 식이 섬유가 풍부해 변비에 좋고, 혈액순환을 도와 피부의 신진대사를 좋게 한다.

❙ 백련 효소액의 효능

· 항암 효과 뛰어나고 영양소가 많아 성장기 어린이에게도 좋다.

· 혈액순환을 도와 피부의 신진대사를 좋게 한다.

· 지방 분해를 도와 다이어트에 효과가 있다.

❙ 채취 시기

7월 15일부터 9월 15일경에 백련의 꽃, 잎, 뿌리, 연밥 등 전초를 채취한다.

백련 1kg : 황설탕 1kg

백련과 설탕의 비율은 1:1이다. 설탕 분량 중 60%는 용기 바닥에 깔아주고, 버무리고, 덮어주는 용도로 사용하며 나머지 40%는 발효 과정에서 2~3회 덮어주는 용도로 쓴다.

1. 백련은 깨끗이 씻어 물기를 말린다.

2. 설탕 600g 중 일부를 용기 바닥에 1~3cm 두께로 깔아준다.

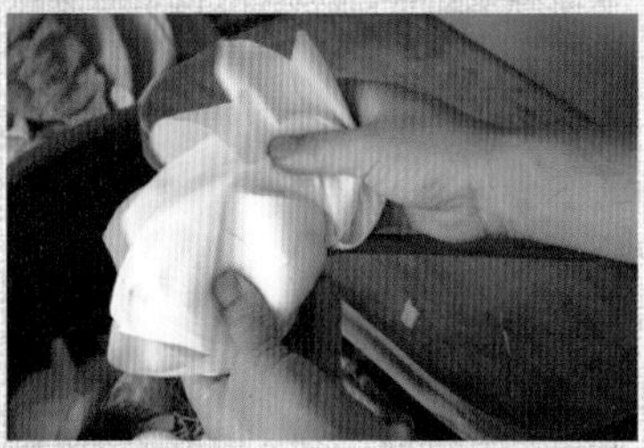

3. 백련의 물기가 마르면 연꽃은 꽃잎을 하나하나 떼어내고, 연잎과 연 뿌리는 약 2~3cm 길이로 잘라준다.

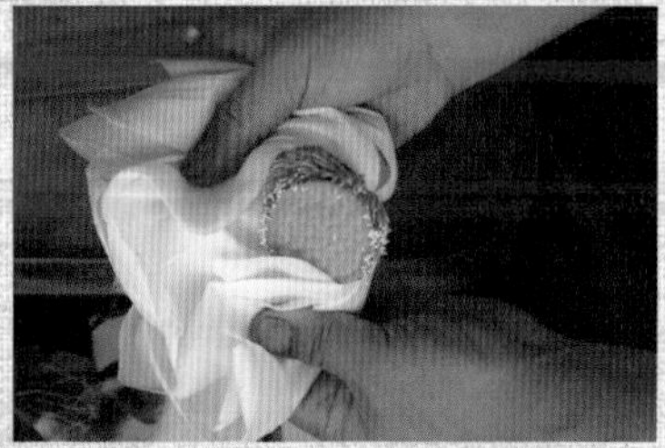

4. 썰어놓은 백련을 큰 그릇에 담고 준비한 설탕 중 7번 과정에서 사용할 설탕을 제외한 나머지를 모두 부은 뒤 버무려준다.

5. 백련을 버무릴 때는 액이 약간 나와서 설탕이 골고루 묻을 정도로 약간 힘을 주어 버무린다.

6. 버무린 백련을 준비된 용기에 70%쯤만 오게 담는다.

7. 4번 과정에서 남겨둔 설탕을 백련이 안 보일 정도로 덮어준 뒤 밀봉한다. 직사광선이 없고 통풍이 잘 되는 곳에서 발효시킨다.

여기까지 사용한 설탕 600g

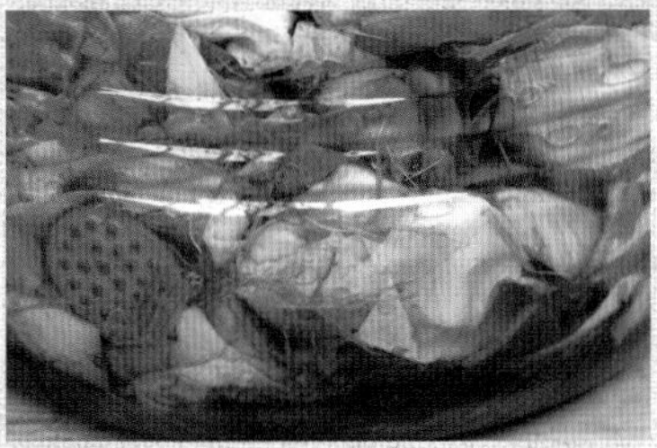

8. 발효가 시작되면 위에 덮었던 설탕이 녹아 점차 사라지게 된다. 이 설탕이 30%쯤 남았을 때 남겨두었던 설탕 400g을 2~3회 분량으로 나누어 2~3회에 걸쳐 다시 덮어주고 밀봉한다.

9. 백련의 발효 기간은 5~6개월이다.

10. 발효가 끝나면 재료를 걸러내고 원액만 숙성 용기에 담는다. 숙성은 1년 이상 필요하다.

소루쟁이 효소

"고질적인 변비에 뛰어난 효능을 보이며
살균 작용, 항암 작용을 한다."

들이나 습기가 있는 땅, 물가 등에서 잘 자라는 여러해살이풀이다. 잎은 초록색의 긴 타원형이며, 7~8월에 비슷한 초록색의 꽃이 핀다. 8~9월에 꽃자루에 갈색으로 씨앗이 영그는데, 바람이 불 때마다 소리를 낸다고 해서 '소리쟁이라'라 불리기도 한다.

소루쟁이는 대장에 아주 좋은 식물이다. 봄에 나는 어린잎은 나물로 무쳐 먹거나 된장국 등에 넣어서 먹고 말렸다가 묵나물로도 무쳐 먹는데, 맛도 좋을 뿐 아니라 고질적인 변비를 깨끗이 낫게 할 만큼 효능이 뛰어나다. 장을 깨끗하게 해주기 때문에 피부가 맑아지는 효과도 볼 수 있다.

소루쟁이 뿌리는 한약 재료로 쓰이고 있으며, 그 생김새가 대황과 닮았다고 해서 '토대황(土大黃)'이라 부른다. 이 뿌리는 열을 내리고 대소변을 잘 나가게 하며, 출혈을 멎게 하고 배 속 기생충 등 균을 죽이는 작용을 한다. 황달, 토혈, 장풍(腸風), 기능성 자궁 출혈, 탈모증, 타박상을 치료한다.

또한 암세포의 생성을 억제해주기 때문에 폐암, 위암, 뇌종양, 피부암 등

에 효과가 있다. 소염 작용이 탁월해 염증 치료에도 좋다. 피부 질환에는 생뿌리를 갈아서 즙을 낸 후 바르면 가려움증을 개선한다고 한다. 백반증, 아토피 피부염, 무좀 등 다양한 피부 질환에 쓰인다.

소루쟁이는 성질이 차갑고 약간의 독성이 있기 때문에 지나치게 많이 먹으면 설사를 하고, 위에 이상을 일으킬 수 있다.

❙ 소루쟁이 효소액의 효능

· 변비에 탁월한 효과가 있으며 장내 유해 세균을 없애 피부를 맑게 한다.
· 살균 작용이 뛰어나 피부 염증은 물론 장기 내부의 염증 치료에도 좋다.
· 암세포 생성을 억제하고 전이되는 것을 막아준다.

❙ 채취 시기

이른 봄부터 5월까지 채취해 전초를 사용한다.

❙ 직접 채취할 경우 주의할 점

소루쟁이는 뿌리가 약하기 때문에 상처가 나지 않게 조심해서 캐야 한다.

소루쟁이 1kg : 황설탕 1kg

소루쟁이와 설탕의 비율은 1:1이다. 설탕 분량 중 60%는 용기 바닥에 깔아주고, 버무리고, 덮어주는 용도로 사용하며 나머지 40%는 발효 과정에서 2~3회 덮어주는 용도로 쓴다.

1. 채취한 소루쟁이를 깨끗한 물에 씻은 뒤 채반에 널어 그늘에서 물기를 말린다.

2. 소루쟁이 뿌리 부분은 2~3cm 크기로 짧게 썰고 잎과 줄기는 5cm 정도로 썬다.

3. 설탕 600g 중 일부를 용기 바닥에 1~3cm 두께로 깔아준다.

4. 7번 과정에서 사용할 설탕을 제외한 나머지 설탕을 소루쟁이에 모두 넣는다.

5. 설탕이 잘 묻도록 골고루 버무려서 소루쟁이에 물기가 살짝 돌게 한다.

6. 잘 버무린 소루쟁이를 준비된 용기에 70%쯤만 오게 담는다.

7. 4번 과정에서 남겨둔 설탕을 소루쟁이가 안 보일 정도로 덮어주고 밀봉한다. 직사광선이 들지 않고 통풍이 잘 되는 곳에 두고 발효시킨다.

여기까지 사용한 설탕 600g

8. 발효가 시작되면 덮어두었던 설탕이 점차 사라진다. 이 설탕이 30%쯤 남았을 때 남겨두었던 설탕 400g을 2~3회 분량으로 나누어 2~3회에 걸쳐 덮어주고 밀봉한다. 기온, 습도 등 환경에 따라 이 기간은 동일하지 않으므로 관심을 갖고 수시로 들여다보아야 한다.

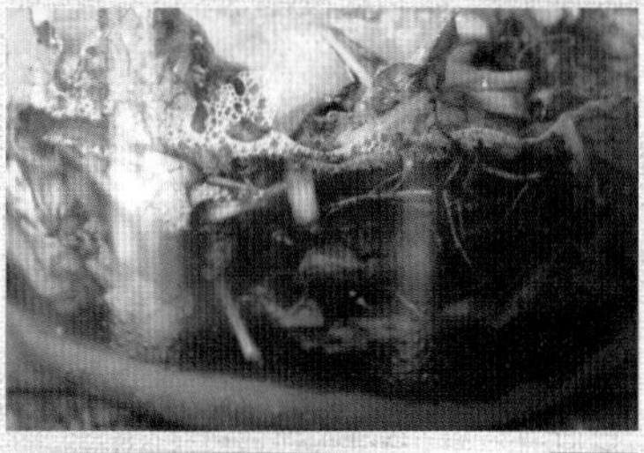

9. 소루쟁이의 발효 기간은 5~6개월이다.

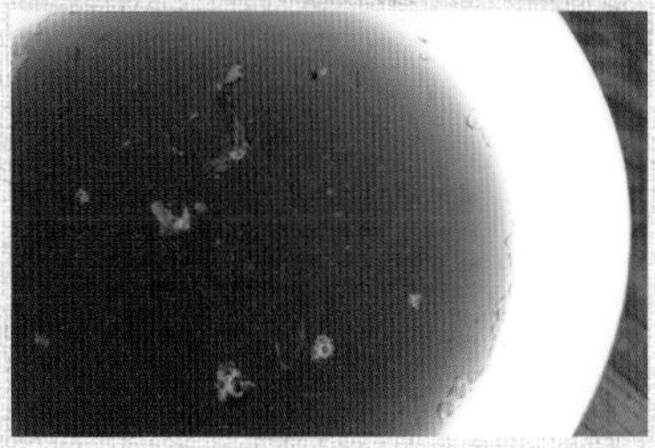

10. 발효가 끝나면 재료를 걸러내고 원액만 숙성 용기에 담는다. 숙성은 1년 이상 필요하다.

까마중 효소

"피를 맑게 해주는 안토시아닌
성분이 블루베리보다 50배나 많다."

가지과에 속한 한해살이 풀인 까마중은 여름에 작은 꽃이 피고, 가을에 방울 같은 까만 열매가 익는다. 맛은 쓰면서 달다. 까마중의 줄기, 잎, 열매를 찧은 후 약간의 소금과 함께 상처가 난 부위에 붙이거나 달여 먹으면 상처 치료에 아주 좋다. 까마중은 염증을 없애고 온갖 균을 죽이며 기침을 멎게 하고 몸 안에 쌓인 독을 풀어준다. 티푸스균, 포도상구균, 녹농균, 이질균, 대장균 등을 죽이는 효과가 있다. 또한 까마중의 열매를 오래 먹으면 눈이 밝아지기도 한다. 열매에 있는 아트로핀이라는 성분이 눈동자를 크게 하므로 안구 조절 근육이 마비되어 생기는 근시 환자에게 아주 좋다.

잠자기 전 까마중을 꾸준히 마시면 피곤함이 사라져 불면증을 해소할 수 있으며, 잘 말린 까마중을 환으로 만들어 먹으면 콜레스테롤을 낮춰 고혈압에 효과를 볼 수 있다. 또한 기관지 염증을 예방해주는 것으로도 아주 유명하다. 뿐만 아니라 중풍을 예방하고 열을 내리며 남자의 원기를 북돋우고 여성의 어혈을 풀어준다. 미국에서 슈퍼 푸드로 선정된 블루베리보다 안토시아닌

성분이 무려 50배나 많아 피를 맑게 해주며 항암 효과도 있다.

까마중은 다른 식물에 비해 저장성이 좋아 오랫동안 보관하고 먹을 수 있다는 것이 장점이다. 하지만 소량의 독성도 있기 때문에 너무 많이 먹지 않는 것이 좋다. 까마중은 나물로 먹기에도 좋은데, 살짝 쓴맛이 있기 때문에 데쳐서 우려내 먹어야 한다.

까마중 효소액의 효능

· 항염증, 항암 작용을 한다.

· 피로를 풀어주고 잠이 잘 오게 한다.

· 중풍을 예방하고 원기를 회복시킨다.

· 피를 맑게 하고 혈액순환을 돕는다.

채취 시기

열매가 맺히기 전에 잎과 줄기를 채취해 쓴다. 덜 익은 열매에는 독이 있으므로 파란 열매가 달려 있다면 모두 따내야 한다. 늦여름에 열매가 까만색으로 완전히 익었을 때는 열매만 채취해서 담근다.

까마중 1kg : 황설탕 1kg

까마중과 설탕의 비율은 1:1이다. 설탕 분량 중 60%는 용기 바닥에 깔아주고, 버무리고, 덮어주는 용도로 사용하며 나머지 40%는 발효 과정에서 2~3회 덮어주는 용도로 쓴다.

1. 채취한 까마중의 줄기와 잎을 깨끗이 손질한다. 청정 지역에서 채취한 것이라면 물에 씻지 않아도 되지만, 먼지 등이 많다면 흐르는 물에 씻어 그늘에서 물기를 말린다.

2. 까마중의 물기가 다 마르면 줄기와 잎을 2cm 길이로 잘게 썬다.

3. 분량의 설탕 중 60%인 600g의 일부를 용기 바닥에 깔릴 만큼 1~3cm 두께로 붓는다.

4. 7번 과정에서 사용할 설탕을 제외한 나머지 설탕 전부를 썰어놓은 까마중에 붓고 골고루 버무린다.

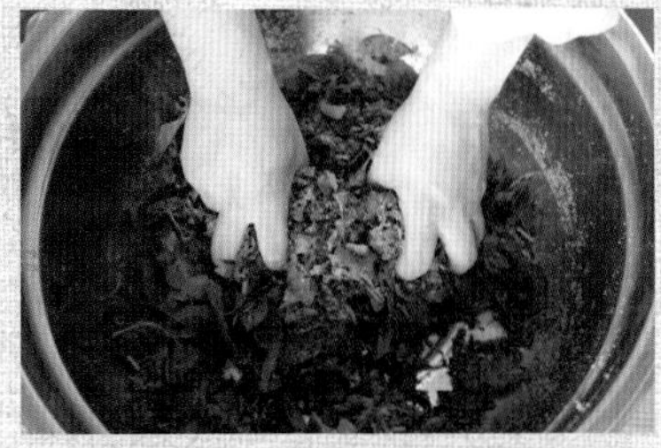

5. 좀 세게 주무르듯이 버무려서 설탕이 고르게 묻도록 해야 하며, 즙이 약간 나와서 설탕에 섞이는 게 보이면 잘 버무려진 것이다.

6. 버무린 까마중을 준비된 용기에 70% 정도만 오게 담는다.

7. 4번 과정에서 남겨둔 설탕을 까마중이 안 보일 정도로 덮어주고 밀봉한다. 직사광선이 들지 않고 통풍이 잘 되는 곳에서 발효에 들어간다.

여기까지 사용한 설탕 600g

8. 발효가 시작되면 위에 덮었던 설탕이 녹아 사라지게 된다. 이 설탕이 30%쯤 남았을 때 남겨두었던 400g의 설탕을 2~3회 분량으로 나누어 2~3회에 걸쳐 다시 덮어주고 밀봉한다. 이 시기는 기온, 습도 등 환경에 따라 다르므로 관심을 갖고 수시로 들여다보아야 한다.

9. 까마중의 발효 기간은 4~5개월 정도이다.

10. 발효가 끝나면 재료를 걸러내고 원액만 숙성 용기에 담아 1년 이상 숙성시킨다.

04

고혈압, 당뇨, 기관지에 좋은 효소

- 뽕잎 효소
- 돼지감자 효소
- 송순 효소
- 대추 효소
- 쇠비름 효소
- 도라지 효소
- 진달래꽃 효소
- 곰보배추 효소
- 냉이 효소

뽕잎 효소

"인슐린 분비량을 조절해주어
당뇨병 개선에 좋다."

뽕나무과에 속하는 낙엽교목으로, 원산지는 중국이며 누에에게 먹이기 위해 마을 주변에 많이 심어 길렀다. 예부터 뽕나무는 각종 의학서에 기록되어 있을 만큼 많은 효능을 가진 한약재로 평가받았다.

뽕잎이 가진 첫 번째 효능은 당뇨병 개선이다. 1995년 누에가루에 혈당 강하 효과가 있다는 것이 과학적으로 입증되었고, 누에의 먹이인 뽕잎에도 당뇨 치료 효과가 있는 모란 A와 혈당을 조절하는 노지리마이신과 칼리스테진 등이 함유되어 있다는 것이 밝혀졌다. 이러한 이유로 뽕잎은 '천연 당뇨병 치료제'로 불리고 있으며, 꾸준히 섭취하면 인슐린의 분비량을 안정적으로 조절해주고 췌장을 튼튼하게 해주어 당뇨 증상을 개선해준다.

두 번째 효능은 동맥경화, 고혈압, 협심증, 심근경색 같은 성인병 예방 효과이다. 뽕잎에는 GABA라는 물질이 들어 있는데, 이것이 모세혈관을 튼튼하게 만들어주고 혈압 수치를 조절해주므로 뇌졸중이나 동맥경화 등에 효과적이다. 또한 잦은 육류 섭취로 인해 몸에 쌓인 콜레스테롤을 몸 밖으로 배출

시키기 때문에 성인병에 도움이 되는 것이다.

뽕잎에는 칼슘과 철분을 비롯한 50여 종 이상의 미네랄이 풍부하게 들어 있어 골다공증 예방에도 좋다. 특히 칼슘 함유량은 우유보다 6배나 많고 철분 역시 시금치보다 3배나 많다.

뽕잎에 다량 함유되어 있는 섬유 성분은 변비 완화 및 다이어트에 효과적이며, 카드뮴과 같은 중금속을 몸 밖으로 배출시키므로 심각한 공해에 시달리는 현대인들에게 아주 좋다.

| 뽕잎 효소액의 효능

· 인슐린 분비량을 조절해주어 당뇨 증상을 개선한다.

· 동맥경화, 고혈압 등 성인병 예방에 효과적이다.

· 칼슘과 철분이 많아 골다공증을 예방한다.

· 변비 증상 완화 및 다이어트에도 좋다.

| 채취 시기

4~5월에 뽕잎만 따서 사용한다.

뽕잎 1kg : 황설탕 1kg

뽕잎과 설탕의 비율은 1:1이다. 설탕 분량 중 60%는 용기 바닥에 깔아주고, 버무리고, 덮어주는 용도로 사용하며 나머지 40%는 발효 과정에서 2~3회 덮어주는 용도로 쓴다.

1. 채취한 뽕잎은 깨끗이 씻은 뒤 그늘에 널어서 물기를 말린다.

2. 뽕잎을 2cm 길이로 잘게 썬다.

3. 600g의 설탕 중 일부를 용기 바닥에 1~3cm 두께로 깔아준다.

4. 7번 과정에서 사용할 설탕을 남겨놓고 나머지 황설탕 모두를 썰어놓은 뽕잎에 넣는다.

5. 뽕잎은 너무 세게 버무리지 말고 살살 버무리면서 설탕이 골고루 묻게 한다.

6. 버무린 뽕잎을 준비된 용기에 70% 정도만 차게 담는다.

7. 4번 과정에서 남겨둔 설탕을 뽕잎이 안 보일 정도로 덮어주고 밀봉한다. 직사광선이 들지 않고 통풍이 잘 되는 곳에서 발효에 들어간다.

여기까지 사용한 설탕 600g

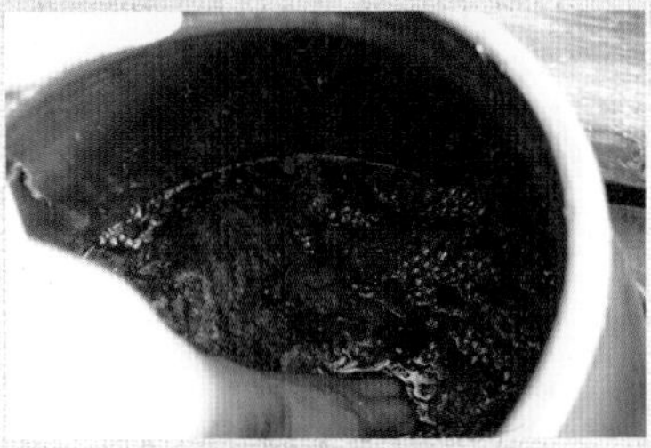

8. 발효가 시작되면 위에 덮었던 설탕이 녹아 점차 사라지게 된다. 이 설탕이 30%쯤 남았을 때 남겨두었던 400g의 설탕을 2~3회 분량으로 나누어 2~3회에 걸쳐 다시 덮어주고 밀봉한다. 이 시기는 기온, 습도 등 환경에 따라 다르므로 관심을 갖고 수시로 들여다보아야 한다.

9. 뽕잎의 발효 기간은 3~4개월이다.

10. 발효가 끝나면 재료를 걸러내고 원액만 숙성 용기에 담는다. 숙성은 6개월 이상 필요하다.

돼지감자 효소

"천연 인슐린이라 불릴 만큼 당뇨병에 좋으며,
체지방을 분해해 다이어트 효과 뛰어나다."

노랗고 예쁜 꽃과 달리 뿌리는 돼지 코처럼 못생겼다 하여 엉뚱하다는 뜻의 뚱딴지라고도 불린다. 귀화식물인 돼지감자의 유례를 정확히 알 수는 없지만, 유럽에서 중국을 거쳐 17세기 이후 우리나라에 전래된 것으로 추정된다. 아메리칸 인디언의 대표적인 식량이었던 돼지감자는 유럽에서도 17세기부터 식용으로 사용되었다. 프랑스어로는 '땅의 사과'라는 뜻으로 '폼드테르'라 불리는데, 그 말대로 돼지감자의 속살은 사과처럼 투명하고 시원한 맛이 난다. 많이 먹으면 속이 아리기 때문에 유럽이나 우리나라에서는 돼지 사료로 많이 사용되었으며, 실제로 돼지가 아주 좋아한다. 건조한 기후에도 번식력이 왕성하여 농가 주위나 산비탈, 들판에서 2~3m까지 자란다.

돼지감자에 많이 포함된 이눌린은 칼로리가 낮고, 혈당치를 상승시키지 않으면서 인슐린의 역할을 하기 때문에 '천연 인슐린'의 보고라 불린다.

최근에는 돼지감자가 다이어트 식품으로 각광받기 시작했는데, 이는 뛰어난 식이 섬유 효과 때문이다. 이눌린은 장내 유산균을 5~10배까지 증가시키

고 동시에 유해 세균을 감소시켜 장을 건강하게 만든다. 그래서 체질 개선, 변비, 비만에 매우 효과적이다. 또한 골절, 타박상, 해열, 지혈, 비만증, 다이어트, 변비 등에도 효과가 있다.

돼지감자에는 여러 가지 효소가 있으며, 특히 이눌리나아제 효소 작용이 강하다. 이 효소는 이눌린을 분해하여 과당을 생성하기 때문에 저장 중에 단맛이 생겨난다. 돼지감자는 그대로 먹어도 좋지만, 장기 보관이 어려우므로 건조시켜 분말로 만들어놓는 것이 좋다. 돼지감자 어린순은 나물로 먹으면 감자와 우엉 맛이 나고, 끓여 마시면 둥굴레 차와 비슷한 맛이 난다.

| 돼지감자 효소액의 효능

· 이눌린 성분이 다량 함유되어 있어 당뇨의 특효약으로 불린다.

· 이눌린은 체지방을 분해하기 때문에 다이어트 효과도 뛰어나다.

· 식이섬유가 많아 변비를 개선시킨다.

| 채취 시기

자색 돼지감자는 늦가을에 수확하고, 흰색 돼지감자는 이른 봄에 수확하므로 수확 시기에 나오는 것을 사용한다.

돼지감자 1kg : 황설탕 1kg

돼지감자와 설탕의 비율은 1:1이다. 설탕 분량 중 60%는 용기 바닥에 깔아주고, 버무리고, 덮어주는 용도로 사용하며 나머지 40%는 발효 과정에서 2~3회 덮어주는 용도로 쓴다.

1. 돼지감자는 흙을 털어내고 깨끗이 씻은 뒤 그늘에서 물기를 말린다.
2. 분량의 설탕 중 60%인 600g의 일부를 용기의 바닥에 1~3cm 두께로 붓는다.
3. 돼지감자의 물기가 완전히 마르면 2cm 크기로 잘게 썬다.
4. 7번 과정에서 사용할 설탕을 제외한 나머지 설탕을 잘게 썬 돼지감자에 넣는다.
5. 너무 세게 버무리지 말고 설탕이 골고루 묻을 정도로만 살살 버무린다.
6. 버무린 돼지감자를 준비된 용기에 70% 정도 담는다.
7. 4번 과정에서 남겨둔 설탕을 돼지감자가 안 보일 정도로 덮어주고 밀봉한다. 직사광선이 들지 않고 통풍이 잘 되는 곳에서 발효에 들어간다.

   여기까지 사용한 설탕 600g

8. 발효가 시작되면 위에 덮었던 설탕이 녹아 점차 사라지게 된다. 이 설탕이 30%쯤 남았을 때 남겨두었던 400g의 설탕을 2~3회 분량으로 나누어 2~3회에 걸쳐 다시 덮어주고 밀봉한다. 이 시기는 기온, 습도 등 환경에 따라 다르므로 관심을 갖고 수시로 들여다보아야 한다.
9. 돼지감자의 발효 기간은 봄철일 경우 3~4개월, 가을철일 경우 5~6개월이다.
10. 발효가 끝나면 재료를 걸러내고 원액만 숙성 용기에 담아 6개월 이상 숙성시킨다.

걸러내고 남은 돼지감자는?

걸러내고 남은 돼지감자를 흐르는 물에 한번 헹궈낸 뒤 먹기 좋게 썰어 고추장 양념에 무치면 아삭아삭한 식감의 색다른 반찬이 된다.

요요 없는 효소 다이어트

다이어트가 어려운 이유는 포만감을 느끼지 못해서 오는 욕구 불만과 요요현상 때문이다. 하지만 발효 효소를 이용한 다이어트는 체질 자체를 바꾸는 것으로, 3개월 후에는 위장의 크기가 작아져 적게 먹더라도 포만감을 느낄 수 있을 뿐 아니라, 다시 살이 찌는 요요현상도 나타나지 않는다. 다이어트에 좋은 발효 효소를 각각 만들어서 먹어도 좋지만 2~3가지를 섞어서 만들면 더 좋은 효과를 기대할 수 있다. 추천하는 효소는 양배추 효소, 뽕잎 효소, 미나리 효소를 혼합하는 것이다. 비율은 양배추 효소 : 뽕잎 효소 : 미나리 효소를 2:1:1로 섞는다.

효소 다이어트 방법

다이어트 기간인 3개월간은 밥을 굶지 말고 평소 식사량의 절반만 먹으면서, 발효 효소와 녹차를 자주 섭취해준다. 특히 녹차에는 지방 분해 효소가 많이 들어 있으며 혈액순환을 돕고 몸속에 쌓인 독성을 풀어주는 역할도 하기 때문에 다이어트에 큰 도움이 된다.

{ 아 침 } 효소 30cc + 생수 150cc
1/2 분량의 식사
생야채 1개
녹차 7잔 이상

{ 점 심 } 효소 30cc
1/2 분량의 식사
생야채 1개
고칼슘 우유 200cc
녹차 7잔 이상

{ 저 녁 } 효소 60cc + 생수 300cc
생야채 1개
녹차 7잔 이상

송순 효소

"동맥경화를 막아주고
혈액순환을 촉진한다."

소나무의 새순인 송순은 피부 노화를 방지하고, 혈소판 응집을 억제하여 심혈관계 질환 예방에 효과적이다. 또한 콜레스테롤을 없애 동맥경화를 막아주며, 혈액순환을 촉진해 몸을 젊어지게 한다. 니코틴을 해독하는 효능이 있어 효소액을 꾸준히 마시면 니코틴이 체내에 축적되어 생길 수 있는 각종 질병을 예방할 수 있다. 특히 비타민 A가 풍부해 혈액을 깨끗하게 해준다.

❙ 송순 효소액의 효능

· 콜레스테롤을 없애 동맥경화를 막아준다.

· 니코틴 해독 효능이 있어 흡연자에게 좋다.

❙ 채취 시기

5~6월에 소나무 가지의 가장 끝부분에서 자라는 어린순을 채취해서 쓴다. 송순 효소액은 솔잎을 이용해 담근 것보다 향이 훨씬 좋다.

송순 1kg : 배 3kg : 창출 5g : 황설탕 4kg

송순은 액이 많이 나오지 않기 때문에 배를 활용하며, 설탕의 비율은 송순+배(합해서 4kg)와 1:1로 맞춘다. 설탕 분량 중 60%는 담글 때 사용하며 나머지 40%는 발효 과정에서 2~3회 덮어 주는 용도로 쓴다.

1. 채취한 송순은 잘 다듬어 깨끗이 씻은 뒤 그늘에 널어 물기를 말린다. 배는 껍질째 씻어 물기를 제거하고, 창출은 건약재로 준비한다.
2. 송순과 배와 창출을 잘게 썬다. 송순은 액이 적게 나오기 때문에 배를 활용해야 하며, 송진을 해독하기 위해 창출을 넣어준다.
3. 분량의 설탕 중 60%인 2.4kg의 일부를 용기 바닥에 1~3cm 두께로 붓는다.
4. 6번 과정에서 사용할 설탕을 제외한 나머지 설탕 모두를 썰어놓은 송순, 배, 창출에 넣고 버무려준다.
5. 버무린 송순과 배, 창출을 준비된 용기에 70% 정도 담는다.
6. 4번 과정에서 남겨둔 설탕을 재료가 안 보일 정도로 덮어주고 밀봉한다. 직사광선이 없고 통풍이 잘 되는 곳에서 발효에 들어간다.

   여기까지 사용한 설탕 2.4kg

7. 발효가 시작되면 위에 덮었던 설탕이 녹아 점차 사라지게 된다. 이 설탕이 30%쯤 남았을 때 남겨두었던 1.6kg의 설탕을 3회 분량으로 나누어 3회에 걸쳐 다시 덮어주고 밀봉한다. 이 시기는 기온, 습도 등 환경에 따라 다르므로 관심을 갖고 수시로 들여다보아야 한다.
8. 송순의 발효 기간은 약 2~3개월이다.
9. 발효가 끝나면 재료를 걸러내고 원액만 숙성 용기에 담아 1년 이상 숙성시킨다.

대추 효소

"노화를 방지해주며, 심장 질환, 당뇨병 등의 개선 효과가 있다."

대추는 몸의 긴장을 풀어주고 흥분을 가라앉히는 효과가 있어서 불안증, 우울증, 스트레스, 불면증을 앓는 사람에게 좋으며 식욕 부진에 효과적이다.

대추에 들어 있는 베타카로틴은 체내 유해 활성 산소를 해독해 면역력을 높이고 심장질환과 심장병, 암 예방 효과도 있다. 대추씨 추출물은 당뇨병, 고지혈증과 같은 성인병 예방 및 개선에 효과가 있다.

❙ 대추 효소액의 효능

· 비타민, 플라보노이드, 미네랄 등이 노화를 막아준다.

· 불안증, 우울증, 불면증 등에 효과가 있다.

· 당뇨병, 고지혈증 같은 성인병을 예방한다.

❙ 채취 시기

9월 중순에서 10월 중순 사이 갈색으로 익은 대추를 따서 쓴다.

대추 1kg : 황설탕 800g

대추와 설탕의 비율은 1:0.8이다. 대추 무게의 50%인 500g의 설탕은 담글 때 사용하며 나머지 300g은 발효 과정에서 2~3회 덮어주는 용도로 쓴다.

1. 대추는 씻은 뒤 그늘에 널어 물기를 말린다.
2. 설탕은 대추 무게의 50%인 500g을 담글 때 사용하는데, 그중 일부를 용기 바닥에 1~3cm 두께로 붓는다.
3. 대추의 물기가 다 마르면 준비된 용기에 70% 정도 오게 담는다. 대추는 썰거나 씨를 제거할 필요가 없기 때문에 설탕에 버무리지 않아도 된다.
4. 5번 과정에서 사용할 설탕을 제외한 설탕 모두를 대추 위에 바로 붓는다.
5. 대추 사이사이로 설탕이 모두 내려앉으면, 4번 과정에서 남겨둔 설탕을 대추가 안 보일 정도로 덮어주고 밀봉한다. 직사광선이 없고 통풍이 잘 되는 곳에서 발효시킨다.

   여기까지 사용한 설탕 500g

6. 발효가 시작되면 위에 덮었던 설탕이 녹아 점차 사라진다. 이 설탕이 30%쯤 남았을 때 남겨두었던 300g의 설탕을 2~3회 분량으로 나누어 2~3회에 걸쳐 다시 덮어주고 밀봉한다. 이 시기는 기온, 습도 등 환경에 따라 다르므로 관심을 갖고 수시로 들여다보아야 한다.
7. 대추의 발효 기간은 3~4개월이다.
8. 발효가 끝나면 원액만 숙성 용기에 담아 6개월 이상 숙성시킨다.

걸러내고 남은 대추는?

술이나 차로 이용할 수 있다. 대추와 술을 1:5의 비율로 담근 뒤 약 3개월 후에 마시면 된다. 차는 끓인 물을 미지근하게 식힌 뒤 기호에 따라 우려내서 마신다.

쇠비름 효소

"장을 깨끗하게 해주고
관절염 통증을 완화시키는 효능이 있다."

한해살이풀로 잎은 초록색, 꽃은 노란색, 뿌리는 흰색이고 씨앗은 까만색이어서 흔히 '오행초(五行草)'라고도 불린다. 5가지 색에 천지의 조화를 일컫는 '오행'이 모두 들어 있다는 의미이다. 초록색은 목(木), 붉은색은 화(火), 노란색은 토(土), 하얀 색은 금(金), 까만색은 수(水)에 해당된다. 이는 예부터 우리 선조들이 쇠비름의 효능을 잘 알고 있었다는 반증이다.

쇠비름은 오래 먹으면 늙어도 머리칼이 희어지지 않으며 장수한다고 하여 장명채(長命菜)라고도 불렸다. 또한 쇠비름에는 타닌과 사포닌, 베타카로틴, 글루틴, 칼륨, 비타민 C · D · E를 비롯해 생명체 유지에 꼭 필요한 필수지방산인 오메가-3 지방산이 풍부하게 들어 있다. 특히 오메가-3 지방산은 다른 어떤 채소나 등푸른생선류보다 많이 함유되어 있는데, 그 양이 쇠비름 100g에 300~400mg 정도이다. 오메가-3 지방산을 꾸준히 섭취하면 중성 지방질이 몸 밖으로 빠져나가고 부정맥, 관상동맥 경화증, 고혈압, 당뇨병, 암, 관절염, 혈소판 감소증이나 다발성경화증 같은 자가면역질환, 대장염, 건선이나 종

기 같은 갖가지 피부병 등이 낫거나 호전된다고 한다.

이런 이유로 옛날에는 쇠비름을 고약의 재료로 썼으며, 악창과 종기에 붙이면 고름을 빼내고 새살을 나오게 해준다고 했다. 또한 이질이나 만성 장염을 치료하는 약으로도 이름이 높았다. 장이 깨끗해지면 혈액이 맑아지고 살결이 고와지며 몸속에 있는 온갖 독소들이 빠져나가서 무병장수할 수 있게 된다.

최근 언론에서 관절염에 특효가 있다고 소개하면서 인기를 끌고 있는데, 이는 쇠비름에 뼈 관절의 퇴화를 치료하는 효능이 있기 때문이다.

❙ 쇠비름 효소액의 효능

· 오메가-3 지방산이 풍부해 치매와 우울증을 예방한다.

· 관절염의 통증을 완화시키고 염증을 제거하는 효과가 있다.

· 장 내 유해 세균을 없애주어 장을 튼튼하게 한다.

· 염증 치료와 독소 배출 효능이 뛰어나 여드름, 아토피 피부염에 좋다.

❙ 채취 시기

씨앗이 여무는 시기인 7~8월에 전초를 채취해 쓴다. 씨가 생기기 전이나 뿌리가 없는 것은 제대로 된 오행초라 할 수 없다.

쇠비름 1kg : 황설탕 1kg

쇠비름과 설탕의 비율은 1:1이다. 설탕 분량 중 60%는 용기 바닥에 깔아주고, 버무리고, 덮어주는 용도로 사용하며 나머지 40%는 발효 과정에서 2~3회 덮어주는 용도로 쓴다.

1. 뿌리의 흙이 깨끗이 씻겨 나가도록 물에 여러 번 헹궈 물기를 말린다. 너무 오래 씻으면 잎이 떨어져 줄기만 남기 쉬우므로 주의한다.

2. 물기가 마르면 쇠비름을 손으로 비틀어서 자른다. 자신의 손에 쥐어질 정도의 크기로 자르는 것이 적당하다.

3. 준비한 황설탕의 60%인 600g 중 일부를 용기 바닥에 1~3cm 두께로 깔아준다.

4. 6번 과정에서 사용할 설탕을 제외한 나머지 설탕 모두를 쇠비름에 넣어 골고루 버무려준다.

5. 버무린 쇠비름을 준비된 용기에 70%쯤만 오게 담는다.

6. 4번 과정에서 남겨둔 설탕을 쇠비름이 안 보일 정도로 덮어주고 밀봉한다. 직사광선이 들지 않고 통풍이 잘 되는 곳에 두고 발효시킨다.

여기까지 사용한 설탕 600g

7. 발효가 시작되면 위에 덮어두었던 설탕이 점차 사라진다. 이 설탕이 30%쯤 남았을 때 남겨두었던 400g의 설탕을 2~3회 분량으로 나누어 2~3회에 걸쳐 쇠비름 위에 부어주고 밀봉한다. 이 기간은 기온, 습도 등 환경에 따라 다르므로 관심을 갖고 수시로 들여다보아야 한다.

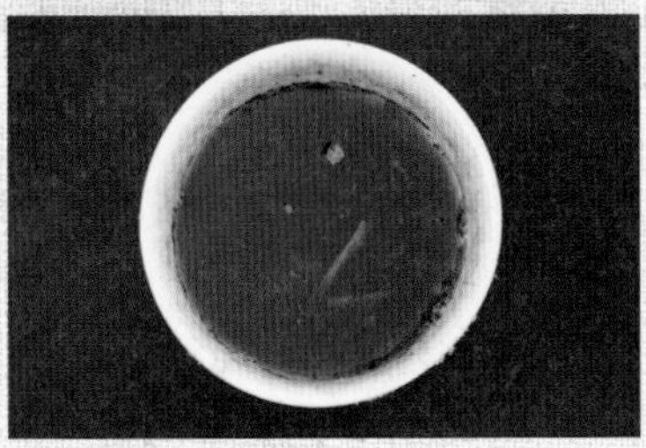

8. 쇠비름의 발효 기간은 5~6개월 정도이다.

9. 발효가 끝나면 재료를 걸러내고 원액만 숙성 용기에 담는다. 숙성은 1년 이상 필요하다.

직접 채취할 경우 주의할 점

감자밭이나 고추밭 등 비료를 많이 한 땅에서 자란 쇠비름은 유난히 통통하고 무성하게 자라는데, 이런 것은 채취해선 안 된다. 비료에는 질소가 많이 들어 있기 때문에 비료를 한 땅에서 자란 쇠비름으로 효소를 담그면 오히려 몸에 해롭다. 무공해의 척박한 땅에서 자란 쇠비름, 즉 자연과 경쟁하면서 자라난 쇠비름의 영양 성분이 인체에 훨씬 좋다.

도라지 효소

" 기침을 가라앉히고 가래를 삭이며,
목이 아픈 것을 낫게 한다.**"**

도라지는 햇볕이 잘 드는 산기슭에서 자라는 여러해살이풀로, 7~8월에 백색 또는 보라색 꽃이 핀다. 보통 뿌리만 먹는 것으로 알고 있지만, 어린잎과 줄기도 데쳐 나물로 먹을 수 있다. 도라지는 도랏, 돌가지 등으로도 불리며 한방명은 길경(桔梗)이다. 요즘은 식품영양 측면에서 당질과 섬유질이 많고 칼슘과 철분이 풍부한 알칼리성 식품으로 인식되고 있다.

도라지는 호흡기 계통 질환에 효험이 있는 약재로 잘 알려져 있다. 도라지에 많이 함유된 사포닌이 기관지의 분비 기능을 항진시켜 가래를 삭이고 목이 아플 때 효능을 발휘한다고 하며, 이에 따라 급성 · 만성 편도선염과 기관지염, 화농성 기관지염, 인후염 등에 두루 활용되고 있다고 한다. 현대의학에서도 도라지 성분을 추출해 신약 거담제를 만들고 있다.

도라지 약용 기록으로는 《향약집성방》에 "도라지는 맛이 맵고 온화하며 햇볕에 말린 것은 인후통을 잘 다스린다."고 했고, 《본초서》 약용 편에도 "천식과 인후통, 코 막힌 병, 치통, 폐농양, 설사, 복통 등을 다스리며, 충독을 없애

고 피를 좋게 한다."고 적혀 있다. 특히 《동의보감》에 실린 3000여 개의 약 처방 중 길경이 배합된 처방이 300여 개에 달해 도라지가 좋은 약재라는 것을 입증하고 있다. 현재도 한방에서는 감기, 기침, 냉병 복통, 설사, 산후병, 부인병, 편도선염, 기관지염, 이질, 위산과다 등에 다른 약재와 함께 처방하고 있다고 한다.

❙ 도라지 효소액의 효능

· 감기, 기침, 기관지염에 특별한 효능을 보인다.

· 사포닌, 비타민 C, 철 등이 풍부해 면역력을 강화시킨다.

· 콜레스테롤을 녹이는 기능이 있어 혈관이 막히는 것을 예방한다.

· 해열 작용이 있어 어린이 감기 등에 먹이면 좋다.

❙ 채취 시기

5월부터 가을까지이며 뇌두와 잔뿌리에 좋은 약성이 있기 때문에 모두 있는 것을 쓰는 것이 좋다.

도라지 1kg : 황설탕 1kg

도라지와 설탕의 비율은 1:1이다. 설탕 분량 중 60%는 용기 바닥에 깔아주고, 버무리고, 덮어주는 용도로 사용하며 나머지 40%는 발효 과정에서 2~3회 덮어주는 용도로 쓴다.

1. 채취한 도라지를 깨끗한 물에 씻어 채반에 널어 그늘에서 물기를 말린다. 씻을 때 껍질이 벗겨지거나 상처가 나지 않도록 주의한다.

2. 물기를 제거한 도라지를 2~3cm 크기로 썬다. 뇌두 부분의 두꺼운 쪽은 더 얇게 썰고, 잔뿌리 부분은 길쭉하게 썬다.

3. 준비한 분량의 60%인 600g의 설탕 중 일부를 용기 바닥에 1~3cm 두께로 깔아준다.

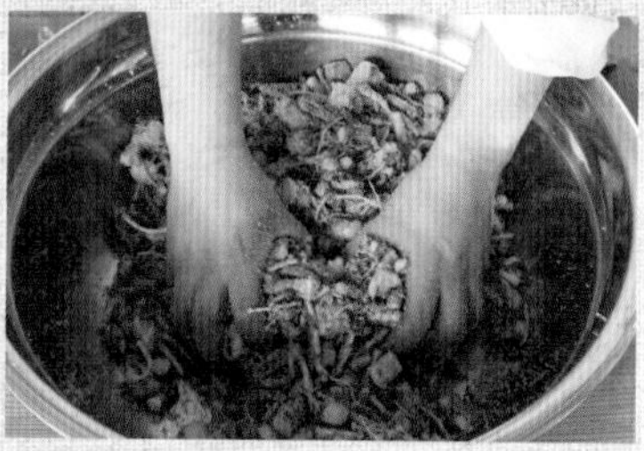

4. 6번 과정에서 사용할 설탕을 제외한 나머지를 도라지에 넣고 버무린다. 세게 문질러서 도라지 표면에 생채기가 나고 거기에 설탕이 골고루 묻게 해야 나중에 곰팡이가 생기지 않는다.

5. 잘 버무린 도라지를 준비된 용기에 70% 정도만 오게 담는다.

6. 4번 과정에서 남겨둔 설탕을 도라지가 안 보일 정도로 덮어주고 밀봉한다. 직사광선이 들지 않고 통풍이 잘 되는 곳에 두고 발효시킨다.

여기까지 사용한 설탕 600g

7. 발효가 시작되면 위에 덮어두었던 설탕이 점차 사라진다. 이 설탕이 30%쯤 남았을 때 남겨두었던 설탕 400g을 2~3회 분량으로 나누어 2~3회에 걸쳐 덮어준다. 기온, 습도 등 환경에 따라 이 기간은 동일하지 않으므로 관심을 갖고 수시로 들여다보아야 한다.

8. 봄철에 담그는 도라지의 발효 기간은 7~8개월 정도이며, 가을에 담그게 되면 이보다 한 달 정도 더 발효시킨다.
9. 발효가 끝나면 재료를 걸러내고 원액만 숙성 용기에 담는다. 숙성은 1년 이상 필요하다.

걸러내고 남은 도라지는?

발효가 끝난 뒤 걸러낸 도라지에 5배 분량의 술을 부어 약술을 담가도 된다.

진달래꽃 효소

“기침, 가래, 천식 등의
기관지 질환에 효과가 있다.”

초봄에 양지 바른 산언덕을 수놓는 분홍색 진달래꽃은 봄이 왔음을 알리는 전령사이다. 진달래는 잎이 나오기 전에 꽃이 먼저 피는데, 옛날부터 음력 3월 3일인 삼짇날에 이 꽃을 따다 화전을 부쳐 먹고, 진달래주나 화채를 만들어 먹으며 봄맞이를 했다.

진달래꽃은 성질이 따뜻하고 독이 없으며 부드러운 단맛을 가지고 있어 꽃잎을 생으로 먹어도 되고, 먹을 수 있는 꽃이라 해서 ‘참꽃’이라고도 불린다. 또한 꽃이나 뿌리에 약용 효과가 있어 민간에서는 꽃잎을 꿀에 재어 천식에 먹는다. 봄철 감기에 진달래꽃을 따뜻한 차로 마시면 진정 효과를 볼 수 있다. 진달래꽃은 담을 없애고 가래를 삭이며 혈액순환을 순조롭게 하여 기침, 가래, 천식을 동반한 기관지 질환에도 효과가 있다.

진달래꽃에 함유된 성분 중 안드로메토톡신은 혈압을 내리게 하는 효능이 있어 고혈압 환자에게 좋다.

진달래꽃은 여성에게 특히 좋은데, 이는 조경(調經) 작용이 탁월하기 때문

이다. 조경 작용이란 월경을 고르게 해주는 것으로, 월경 주기를 고르게 하고 호르몬 분비 기능을 정상적으로 조정하여 월경불순이나 월경통, 폐경 등을 치료한다. 또한 토혈, 이질, 류머티즘, 신경통, 통풍, 기관지염, 잇몸 염증, 인후염, 위염 등의 각종 염증에 좋은 효과를 보인다고 한다.

❙ 진달래 효소액의 효능

· 담을 없애고 가래를 삭인다.

· 기침, 가래, 천식 등 기관지 질환에 효과가 있다.

· 월경을 고르게 하고 호르문 분비 기능을 정상화시킨다.

❙ 채취 시기

3월 중순에서 4월 중순까지 산과 들에 핀 진달래꽃을 채취한다.

❙ 직접 채취할 경우 주의할 점

진달래꽃과 비슷하게 생긴 꽃 중에 철쭉이 있는데, 이 꽃에는 독성이 있으므로 절대 혼동하여 채취해선 안 된다. 철쭉은 진달래보다 빛깔이 더 진하고, 꽃받침이 있다.

진달래꽃 1kg : 백설탕 800g

진달래꽃과 설탕의 비율은 1:0.8이다. 진달래꽃 무게의 50%인 500g의 설탕은 용기 바닥에 깔아주고, 버무리고, 덮어주는 용도로 사용하며 나머지 300g은 발효 과정에서 2~3회 덮어주는 용도로 쓴다.

1. 채취한 진달래꽃은 물에 씻을 필요가 없으므로 시들기 전에 바로 효소로 담근다.

2. 설탕은 진달래꽃 무게의 50%인 500g을 담글 때 사용하는데, 그중 일부를 용기 바닥에 1~3cm 두께로 붓는다.

3. 5번 과정에서 사용할 설탕을 제외한 백설탕을 진달래꽃에 넣고 설탕이 골고루 묻을 수 있도록 살살 버무려준다. 너무 세게 버무리면 액이 탁해진다.

4. 설탕에 잘 버무린 진달래꽃을 용기에 70%만 오게 담는다.

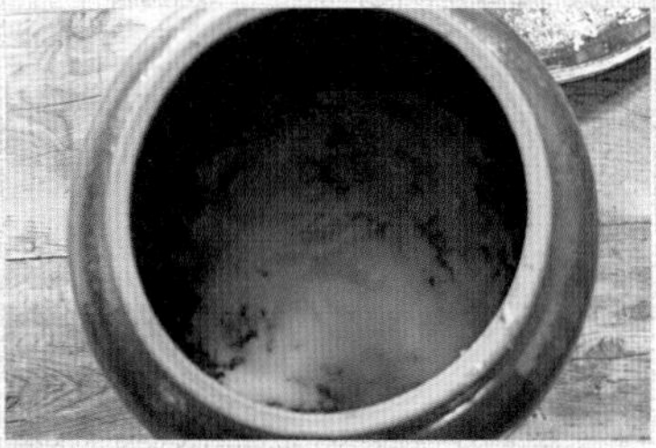

5. 3번 과정에서 남겨둔 설탕을 진달래꽃이 안 보일 정도로 덮어주고 밀봉한다. 직사광선이 없고 통풍이 잘 되는 곳에서 발효시킨다.

여기까지 사용한 설탕 500g

6. 발효가 시작되면 위에 덮었던 설탕이 녹아 점차 사라지게 된다. 이 설탕이 30%쯤 남았을 때 남겨두었던 300g의 설탕을 2~3회 분량으로 나누어 2~3회에 걸쳐 덮어주고 밀봉한다. 기온, 습도 등 환경에 따라 이 기간은 동일하지 않으므로 관심을 갖고 수시로 들여다보아야 한다.

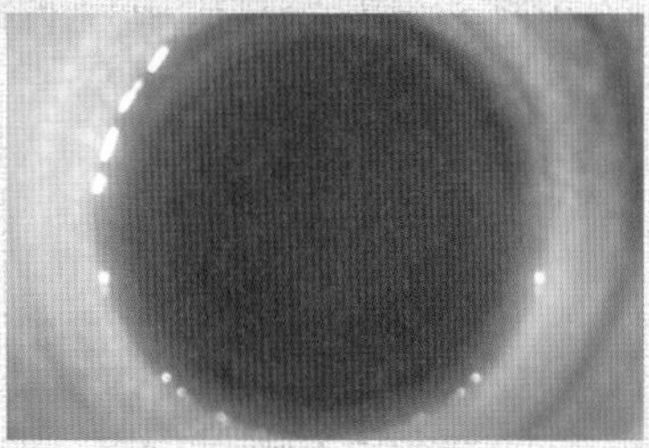

7. 진달래꽃의 발효 기간은 2~3개월이다.

8. 발효가 끝나면 재료를 걸러내고 원액만 숙성 용기에 담는다. 숙성은 6개월 이상 필요하다.

걸러내고 남은 진달래꽃은?

걸러내고 남은 진달래꽃은 진달래주와 꽃차로 활용할 수 있다. 걸러낸 진달래꽃을 5배 분량의 술에 담갔다가 3개월 후에 거르면 진달래주로 마실 수 있다. 또 끓인 물을 미지근하게 식힌 다음, 걸러낸 진달래꽃을 기호에 맞게 넣어 우려내면 향이 좋은 진달래 꽃차가 된다.

곰보배추 효소

"피부 미용에 좋고
기침, 가래 등의 기관지 질환을 낫게 한다."

생김새는 배추 모양이지만, 잎이 곰보처럼 오돌토돌하다 하여 곰보배추라는 이름이 붙었다. 우리나라 논밭이나 들에서 볼 수 있으며, 길옆이나 묵은 밭 또는 논의 물기 있는 땅에서 주로 자란다. 맛은 맵고 쓰지만 독이 없어 누구나 먹을 수 있는 건강식품이다.

곰보배추는 다양한 효능을 갖고 있는데, 크게 6가지로 나누어볼 수 있다.

첫 번째, 치통을 완화시켜준다. 치통이 있는 경우 곰보배추를 즙으로 만들어 입안에 5분 정도 물고 있으면 치통이 완화된다.

두 번째, 피부 미용에 아주 좋다. 곰보배추는 피를 맑게 해주는 효능이 있어 아토피나 각종 피부 질환 예방에도 좋다. 즙으로 마시거나 피부 질환이 있는 부위에 꾸준히 발라주면 증상을 완화시킬 수 있다.

세 번째, 가스 및 부종 제거에 효과가 있다. 배에 가스가 자주 차거나 몸이 붓는다면 곰보배추를 섭취하는 것이 좋다. 또는 즙으로 만들어 배꼽 주위에 바르면 가스가 배출되면서 부기가 빠지기도 한다.

네 번째, 기관지 질환 치료에 도움을 준다. 천연 항생제라고 불릴 정도로 기침이나 가래, 천식 등 기관지 질환 치료 효과가 탁월하다.

다섯 번째, 중이염 치료에 좋다. 중이염을 비롯한 귓속 질병에도 효과가 좋으며, 곰보배추의 즙을 이상이 있는 귓속에 한 방울 떨어뜨려주면 좋다.

마지막으로 혈액 개선 및 지혈에 좋다. 곰보배추는 혈액을 맑게 해주며 해독 작용도 있어 자궁 출혈이 있는 경우에 곰보배추를 섭취하면 지혈 효과를 기대할 수 있다.

곰보배추 효소액의 효능

· 천연 항생제라 불릴 정도로 기침, 가래, 천식 등에 탁월한 효능이 있다.
· 피를 맑게 해주는 효능이 있어 아토피나 각종 피부 질환 예방에도 좋다
· 혈액을 맑게 해주며 해독 작용도 있어 자궁 출혈이 있는 경우 지혈 효과를 기대할 수 있다.
· 중이염을 비롯한 귓속 질병에도 효과가 좋다.

채취 시기

겨울에도 죽지 않는다고 해서 겨울이 지난 초봄의 곰보배추가 효능이 가장 좋다. 이 시기가 지난 곰보배추도 괜찮으며, 꽃이 피기 전인 여름까지 잎과 줄기를 채취해 사용한다.

곰보배추 1kg : 황설탕 1kg

곰보배추와 설탕의 비율은 1:1이다. 설탕 분량 중 60%는 용기 바닥에 깔아주고, 버무리고, 덮어주는 용도로 사용하며 나머지 40%는 발효 과정에서 2~3회 덮어주는 용도로 쓴다.

1. 곰보배추를 깨끗이 손질해서 물에 씻는다. 그늘에 말려 물기를 완전히 제거한다.
2. 물기가 다 마르면 곰보배추의 줄기와 잎을 2cm 길이로 잘게 썬다.
3. 분량의 설탕 중 60%인 600g의 일부를 용기 바닥에 1~3cm 두께로 붓는다.
4. 6번 과정에서 사용할 설탕을 남겨놓고 나머지 황설탕 모두를 썰어놓은 곰보배추에 넣고 곰보배추에 물기가 살짝 돌 정도로 버무린다.
5. 잘 버무린 곰보배추를 용기에 70% 정도만 차게 담는다.
6. 4번 과정에서 남겨둔 설탕을 곰보배추가 안 보일 정도로 덮어주고 밀봉한다. 직사광선이 들지 않고 통풍이 잘 되는 곳에서 발효시킨다.

   여기까지 사용한 설탕 600g

7. 발효가 시작되면 위에 덮었던 설탕이 녹아 점차 사라지게 된다. 이 설탕이 30%쯤 남았을 때 남겨두었던 400g의 설탕을 2~3회 분량으로 나누어 2~3회에 걸쳐 덮어주고 밀봉한다. 이 시기는 기온, 습도 등 환경에 따라 다르므로 관심을 갖고 수시로 들여다보아야 한다.
8. 곰보배추의 발효 기간은 5~6개월이다.
9. 발효가 끝나면 원액만 숙성 용기에 담아 최소 1년 이상 숙성시킨다.

걸러내고 남은 곰보배추는?

발효가 끝난 곰보배추는 장아찌를 담가 먹을 수 있다. 된장, 고추장에 버무려놓거나 간장과 식초를 끓인 뒤 식혀서 부어주면 맛있는 장아찌가 된다.

냉이 효소

"비타민이 풍부해 춘곤증을 없애주고,
식욕 부진과 간장 질환에 좋다."

이른 봄, 가장 먼저 식탁에 올라 입맛을 돋우는 대표적인 나물 냉이는 어린 순과 잎, 뿌리를 살짝 데쳐 무쳐 먹기도 하고 된장국에 넣어 특유의 향을 즐기기도 한다.

냉이는 겨우내 부족했던 비타민을 보충하는 데 있어 가장 좋은 식품이며, 단백질이 가장 많이 들어 있는 봄나물이다. 비타민 A와 식이 섬유가 풍부해 춘곤증과 식욕 부진을 해소할 뿐 아니라 비타민 B1과 C, 철분, 칼슘 역시 풍부하게 들어 있어 "월동한 냉이 뿌리는 인삼보다 좋다."는 말이 있을 만큼 몸에 좋은 채소다.

특히 냉이에 들어 있는 비타민, 철분, 칼슘 등은 혈압 수치를 정상으로 되돌리기 때문에 고혈압 등에 효과가 있다고 한다. 냉이에 풍부하게 함유된 카로틴 성분은 시력을 보호하고 눈의 피로감을 덜어준다. 냉이는 장에 머물러 있는 유해 세균을 해독시켜 변비를 치료하며 지혈 작용이 있어 코피, 산후 출혈 과다, 심한 생리통 증상 완화에도 도움이 된다.

《동의보감》에서는 "냉이를 국으로 끓여 먹으면 피를 끌어다 간에 들어가게 하고, 눈을 맑게 한다."라고 했으며, 《본초강목》에는 "혈압을 내리는 성분이 있어 고혈압에 좋다. 감기 몸살 등의 피로를 푸는 데도 좋다."고 기록했다. 《중보산림경제》에서는 "냉이는 성질이 따뜻하여 오장을 조화롭게 한다. 죽을 끓여 먹으면 간에 좋고 눈을 밝게 하며, 냉이의 씨앗은 허기질 때 씹으면 배고픔을 잊게 한다."고 효능을 밝히고 있다.

❙ 냉이 효소액의 효능

· 소화액 분비를 도와 입맛을 살려준다.

· 콜린 성분이 간장 질환 개선을 도와준다.

· 비타민이 풍부해 춘곤증에 좋고, 눈의 피로를 풀어준다.

· 혈압 수치를 조절해 고혈압에 좋다.

❙ 채취 시기

겨울이 지난 뒤 초봄에 캐는 것이 향도 진하고 약효도 풍부해서 가장 좋다. 냉이는 꽃이 피기 시작하면 맛과 향이 약해지고 뿌리도 질겨져 나물로 먹기엔 그리 좋지 않지만, 효소용으로는 무방하다.

냉이 1kg : 황설탕 1kg

냉이와 설탕의 비율은 1:1이다. 설탕 분량 중 60%는 용기 바닥에 깔아주고, 버무리고, 덮어주는 용도로 사용하며 나머지 40%는 발효 과정에서 2~3회 덮어주는 용도로 쓴다.

1. 냉이는 뿌리에 흙이 남아 있지 않도록 물에 흔들어 깨끗하게 씻는다.
2. 그늘 지고 통풍이 잘 되는 곳에서 물기를 말린다.
3. 물기가 완전히 마르면 냉이를 1~2cm 길이로 잘게 썬다.
4. 설탕은 분량의 60%인 600g 중 일부를 용기 바닥에 1~3cm 두께로 깔아준다.
5. 7번 과정에서 사용할 설탕을 남겨두고 나머지 황설탕을 잘게 썬 냉이에 붓고 버무린다. 설탕이 냉이에 잘 묻도록 골고루 버무려주어야 한다.
6. 황설탕에 버무린 냉이를 준비된 용기에 70%쯤만 오게 담는다.
7. 5번 과정에서 남겨둔 설탕을 냉이가 안 보일 정도로 덮어주고 밀봉한다. 직사광선이 없고 통풍이 잘 되는 곳에서 발효시킨다.

   여기까지 사용한 설탕 600g

8. 발효가 시작되면 위에 덮어두었던 설탕이 점차 사라지는 것을 볼 수 있다. 이 설탕이 30%쯤 남았을 때 남겨두었던 설탕 400g을 2~3회에 걸쳐 냉이 위에 부어주고 밀봉한다. 발효가 진행되면서 액체가 생기면 재료가 위로 뜨게 되는데, 돌 같은 것으로 이것을 눌러주거나 재료를 뒤적여주는 것은 잘못된 방법이다. 이러면 액이 탁해지고 바닥에 깔아둔 설탕이 녹아 효소액의 단맛이 너무 강해지므로, 설탕이 사라지는 시점에 다시 덮어주는 정도로만 하면 된다.
9. 냉이의 발효 기간은 5~6개월이다.
10. 발효가 끝나면 재료를 걸러내고 원액만 숙성 용기에 담는다. 숙성은 6개월 이상 필요하다.

05

도시에서도 쉽게 담글 수 있는 효소

- 양파 효소
- 가지 효소
- 고추 효소
- 오미자 효소
- 비트 효소
- 파프리카 효소
- 사과 효소
- 배 효소
- 느타리버섯 효소
- 생표고버섯 효소

양파 효소

"뇌졸중, 당뇨병 등을 예방하며
살균력이 강해 식중독을 막아준다."

저렴한 가격은 물론 언제 어디서나 쉽게 구할 수 있는 양파는 원기 회복에 탁월한 채소로 유명하다. 재배 지역에 따라 파종과 수확 시기, 품종에 편차가 있지만 보통 가을에 파종해 늦봄부터 여름까지 수확한다. 우리가 일반적으로 식용하는 부분은 양파의 비늘줄기라는 것으로, 색깔에 따라 노란 양파, 붉은 양파, 흰 양파, 작은 양파 등으로 나뉘며 맛에 따라 단맛 양파와 매운맛 양파로도 구분된다.

양파는 열량이 적으면서도 각종 비타민과 칼슘, 인산 등의 무기질을 다량 함유하고 있어 피를 맑게 하는 데 효과적이다. 때문에 협심증, 심근경색, 뇌졸중 예방에 효과적이며, 혈전을 분해시켜 없애는 성분도 있어 동맥경화증과 고지혈증에도 좋다.

더불어 혈당을 낮추고 인슐린 분비를 촉진시켜 당뇨병 치료에 도움을 주며, 콩팥의 기능을 증진시켜 신장병 치료에도 효과를 보인다. 또한 매운 향을 내는 이황화프로필과 황화알릴 등의 성분은 소화를 도와 흥분, 발한, 이뇨 등에 효과가 좋고, 조리 시에는 어떤 재료와도 잘 어울려 식욕을 돋워준다.

양파는 '항패혈증 약'이라 불릴 정도로 강한 살균력을 지니고 있어 식중독을 예방하는데, 생 양파를 5분 이상 씹으면 입안의 세균이 모두 사라져 충치 예방과 치료에도 탁월하다고 한다. 또한 체내 중금속을 해독하고 분해해 체외로 배출시키며, 지난 수세기 동안 감기약으로 사용되었을 만큼 감기 퇴치 기능이 탁월하다. 단맛이 나는 양파보다는 매운맛이 나는 양파의 약리 효과가 더 뛰어나다.

❙ 양파 효소액의 효능

· 혈전을 분해시켜 동맥경화와 고지혈증에 효과적이다.

· 혈당을 낮추고 인슐린 분비를 촉진해 당뇨 치료에 도움을 준다.

· 살균력이 강해 식중독을 예방하며 체내 중금속을 배출시킨다.

❙ 채취 시기

양파는 사계절 내내 시장이나 마트에서 쉽게 구할 수 있는 재료이다. 그러나 신선한 재료를 쓰려면 햇 양파의 수확 시기인 늦봄부터 초여름에 구입하는 것이 좋다. 겉껍질의 색이 붉고 잘 말라 있으며 향이 강하게 살아 있는 것을 고른다.

양파 1kg : 황설탕 1kg

양파와 설탕의 비율은 1:1이다. 설탕 분량 중 60%는 용기 바닥에 깔아주고, 버무리고, 덮어주는 용도로 사용하며 나머지 40%는 발효 과정에서 2~3회 덮어주는 용도로 쓴다.

1. 양파는 맨 바깥쪽 껍질만 벗겨낸다. 양파의 붉은색 껍질에는 이뇨 작용 성분이 있으므로 남겨둔다. 흐르는 물에 씻어 물기를 제거한다.

2. 물기를 완전히 없앤 양파를 2등분한 뒤 1cm 크기로 잘게 썬다.

3. 분량의 설탕 중 60%인 600g의 일부를 용기 바닥에 1~3cm 두께로 붓는다.

4. 7번 과정에서 사용할 설탕을 남겨놓고 나머지 황설탕 모두를 썰어놓은 양파에 넣는다.

5. 골고루 버무리면서 양파를 낱낱이 떼어주고, 액이 살짝 나오도록 세게 버무려준다. 이때 양파 향과 매운 기운이 나오면서 눈물이 나면 잘 버무려진 것으로 볼 수 있다.

6. 잘 버무린 양파를 용기에 70% 정도만 오게 담는다.

7. 4번 과정에서 남겨둔 설탕을 양파가 안 보일 정도로 덮어주고 밀봉한다. 직사광선이 없고 통풍이 잘 되는 곳에서 발효에 들어간다.

여기까지 사용한 설탕 600g

8. 발효가 시작되면 위에 덮었던 설탕이 녹아 점차 사라진다. 이 설탕이 30%쯤 남았을 때 남겨두었던 400g의 설탕을 2~3회 분량으로 나누어 2~3회에 걸쳐 다시 덮어주고 밀봉한다. 이 시기는 기온, 습도 등 환경에 따라 다르므로 관심을 갖고 수시로 들여다보아야 한다.
9. 양파의 발효 기간은 여름에 담글 경우 2~3개월, 가을에 담글 경우 3~4개월이다.
10. 발효가 끝나면 재료를 걸러내고 원액만 숙성 용기에 담는다. 숙성은 6개월 이상 필요하다.

가지 효소

"암, 고혈압을 예방하며
시력을 보호하고 해열 작용을 한다."

'블랙 푸드'로 떠오르면서 그 가치가 급부상한 가지는 인도가 원산으로 고온성 작물이다. 《본초연의》와 《동의보감》 등에 신라시대 때 가지를 재배했다는 기록이 남아 있는 것으로 보아 삼국시대부터 이미 가지를 식용했음을 알 수 있다.

가지가 주목받는 이유는 가지에 들어 있는 폴리페놀 성분이 발암 물질을 억제하는 기능을 하기 때문인데, 특히 가지의 폴리페놀은 다른 채소에 비해 암 세포 억제율이 월등히 높다고 한다. 또한 암을 예방하는 알칼로이드, 클로로필 등의 물질이 다양하게 들어 있다.

가지의 자색 껍질에는 안토시아닌 성분이 풍부하게 들어 있어 노화 방지 및 심혈관 질환 예방에 탁월한 효과가 있다. 안토시아닌 성분이란 블루베리와 빨간 콩 등에 들어 있는 보라색의 수용성 색소인데, 체내 활성산소를 제거하고 콜레스테롤 수치를 낮춰줄 뿐 아니라 혈관에 침전물이 생기는 것을 막아 피를 맑게 하는 기능이 있다. 안토시아닌 성분은 시력 저하, 야간 시력장애 등을 개선하는 효능이 뛰어나 의약품으로 사용되기도 한다.

가지를 많이 먹으면 장이 튼튼해지는데, 풍부하게 들어 있는 식이 섬유가 장 내 노폐물과 숙변을 제거하고 장 질환을 예방해주기 때문이다. 따라서 다이어트를 할 때 가지를 섭취하면 저칼로리 식단으로 포만감을 줄 수 있을 뿐 아니라, 변비 문제도 해결할 수 있다. 가지의 칼리로는 100g당 16kcal밖에 되지 않고, 수분은 94%로 아주 풍부한 편이다.

가지는 피부 미용에도 좋은 것으로 알려져 있는데 기미, 주근깨 등에 생 가지를 잘라 직접 문지르면 없어진다고 하며 민간요법에서는 땀띠나 티눈 등에 문지르면 효과가 있다고도 한다. 찬 성질의 채소이기 때문에 해열에도 효과적이지만 몸이 찬 사람은 많이 먹지 않는 것이 좋다.

가지 효소액의 효능

· 폴리페놀 성분이 암을 예방해준다.

· 안토시아닌 성분이 노화를 막아주고 심혈관 질환을 예방한다.

· 시력을 보호하며 식이 섬유가 숙변을 없애준다.

채취 시기

효소로 담글 때는 씨가 생기지 않은 어린 가지를 써야 한다. 씨가 생기면 아린 맛이 나기 때문이다. 광택이 나는 짙은 보라색에 흠집 없는 것, 만져보았을 때 탄력 있고 무게감이 느껴지는 것을 고른다.

가지 1kg : 황설탕 1kg

가지와 설탕의 비율은 1:1이다. 설탕 분량 중 60%는 용기 바닥에 깔아주고, 버무리고, 덮어주는 용도로 사용하며 나머지 40%는 발효 과정에서 2~3회 덮어주는 용도로 쓴다.

1. 가지는 꼭지에도 좋은 효능이 있으므로 함께 물에 씻은 뒤 물기를 제거한다.

2. 물기가 완전히 마르면 가지와 가지 꼭지를 2cm 길이로 썬다.

3. 분량의 설탕 중 60%인 600g의 일부를 용기 바닥에 1~3cm 두께로 붓는다.

4. 7번 과정에서 사용할 설탕을 남겨놓고 나머지 황설탕 모두를 썰어놓은 가지에 넣는다.

5. 가지에서 액이 살짝 나올 때까지 살살 버무려 설탕이 골고루 묻게 한다.

6. 설탕에 버무린 가지를 용기에 70% 정도만 차게 담는다.

7. 4번 과정에서 남겨둔 설탕을 가지가 안 보일 정도로 덮어주고 밀봉한다. 직사광선이 없고 통풍이 잘 되는 곳에서 발효에 들어간다.

여기까지 사용한 설탕 600g

8. 발효가 시작되면 위에 덮었던 설탕이 녹아 점차 사라지게 된다. 이 설탕이 30%쯤 남았을 때 남겨두었던 400g의 설탕을 2~3회 분량으로 나누어 2~3회에 걸쳐 다시 덮어주고 밀봉한다. 이 시기는 기온, 습도 등 환경에 따라 다르므로 관심을 갖고 수시로 들여다보아야 한다.
9. 가지의 발효 기간은 3~4개월이며, 가을철에 담근 것은 4~5개월이다.
10. 발효가 끝나면 재료를 걸러내고 원액만 숙성 용기에 담는다. 숙성은 6개월 이상 필요하다.

고추 효소

"비타민 C가 레몬보다 많으며
캡사이신 성분이 항암·항산화 작용을 한다."

우리나라에서 미곡(米穀) 다음으로 주요한 농산물로 꼽히는 고추의 원산지는 사실 남아메리카다. 임진왜란 때 국내에 들어왔다고 알려져 있지만 분명한 사료가 남아 있지는 않다.

현재 국내에는 각 재배지의 이름을 딴 약 100여 종의 고추가 재배되고 있으며, 보통 늦여름에서 초가을에 수확한다. 껍질이 두껍고 윤기가 나며 반으로 갈랐을 때 씨가 적은 것이 좋은 고추다.

고추는 사과나 감귤, 레몬보다도 훨씬 많은 비타민 C를 함유하고 있는 것으로 유명한데, 풋고추보다는 붉은 고추가 더 많은 비타민 C를 가지고 있으며, 고춧잎에도 많이 들어 있다.

고추의 매운맛은 붉은 색소의 주성분인 캡사이신 때문인데, 이 성분은 산패를 막아주고 젖산균 발육을 도우며, 신진대사를 촉진하고 체지방 분해에 탁월해 다이어트 식품으로 각광을 받고 있다. 캡사이신 성분에는 암세포를 죽이고 암세포의 성장을 억제하는 효능도 있다고 한다.

또한 고추에 들어 있는 베타카로틴은 암을 유발하는 활성산소와 유해 산소를 차단하기 때문에 항암 식품으로 평가받고 있다. 고추의 매운맛은 혈액순환이 잘 되게 하며, 열을 발산하는 성향이 있어 감기 치료에 좋다. 또한 뇌신경을 자극해 엔도르핀을 분비시키는데 이런 이유로 스트레스를 풀어주는 효과가 있다.

고추의 표피에는 비타민 P가 풍부하게 들어 있는데, 이 성분은 고추가 갖고 있는 비타민 C의 파괴를 막아주고 피부 노화를 방지하는 역할을 한다.

❙ 고추 효소액의 효능

· 항산화 작용을 하는 성분이 많아 암 예방에 효과적이다.

· 캡사이신 성분이 체지방을 연소시켜 다이어트를 도와준다.

· 비타민 C와 P가 풍부해 피부 노화를 막아준다.

❙ 채취 시기

효소를 담글 때는 매운맛이 강한 청양고추를 이용해야 칼칼하면서도 감칠맛이 나서 좋다. 매운맛이 없으면 효소에서 풀 냄새가 많이 난다. 청양고추는 사계절 내내 마트나 시장에서 싱싱한 것으로 구입하되, 생채기가 없고 꼭지가 모두 붙어 있는 것을 골라야 한다.

고추 1kg : 황설탕 1kg

고추와 설탕의 비율은 1:1이다. 설탕 분량 중 60%는 용기 바닥에 깔아주고, 버무리고, 덮어주는 용도로 사용하며 나머지 40%는 발효 과정에서 2~3회 덮어주는 용도로 쓴다.

1. 고추는 꼭지째 깨끗이 씻어 물기를 제거한다.

2. 고추를 2cm 길이로 잘게 썬다.

3. 분량의 설탕 중 60%인 600g의 일부를 용기 바닥에 1~3cm 두께로 붓는다.

4. 7번 과정에서 사용할 설탕을 남겨놓고 나머지 황설탕 모두를 썰어놓은 고추에 넣는다.

5. 고추에서 액이 살짝 나올 때까지 살살 버무려 설탕이 골고루 묻게 한다. 너무 세게 버무리면 액이 탁해질 수 있다.

6. 설탕에 버무린 고추를 용기에 70% 정도만 차게 담는다.

7. 4번 과정에서 남겨둔 설탕을 고추가 안 보일 정도로 덮어주고 밀봉한다. 직사광선이 없고 통풍이 잘 되는 곳에서 발효에 들어간다.

여기까지 사용한 설탕 600g

8. 발효가 시작되면 위에 덮었던 설탕이 녹아 점차 사라지게 된다. 이 설탕이 30%쯤 남았을 때 남겨두었던 400g의 설탕을 2~3회 분량으로 나누어 2~3회에 걸쳐 다시 덮어주고 밀봉한다.

9. 고추의 발효 기간은 3~4개월이며, 가을에 담글 경우 4~5개월이다.

10. 발효가 끝나면 재료를 걸러내고 원액만 숙성 용기에 담는다. 숙성은 1년 이상 필요하다.

고추 효소 활용법

고추 효소는 칼칼하면서도 감칠맛이 일품이어서 무침이나 샐러드용 소스에 조금씩 넣으면 식욕을 돋워주고, 양념장에 뿌려 두부나 전 등을 찍어 먹어도 맛있다.

오미자 효소

"기침과 가래 등 기관지 질환에
탁월한 효능이 있다."

오미자는 시고 짜고 달고 쓰고 매운 5가지 맛이 난다고 해서 붙은 이름이다. 5가지 맛이 나는 만큼 간장과 심장, 비장, 폐장, 신장 등 오장에 두루두루 좋은 재료다. 주로 폐경(肺經: 한의학에서 말하는 12경맥의 하나로 대장에 속하고 폐에 이어진다)과 신경(腎經: 12경맥의 하나로 콩팥에 속하고 방광에 이어진다)에 작용하여 폐를 수렴하고 진액을 생성하며 땀을 멎게 한다. 폐허(肺虛)에 의한 천식을 다스리고 입안 건조증이나 식은땀이 나는 증상을 개선한다. 또 남성의 유정이나 과로 손상을 치료하고 오래된 설사와 건망증, 불면증 등의 증상에도 쓰인다.

《동의보감》에는 오미자의 효능에 대해 "폐와 신장을 보하고 피곤함, 목마름, 열이 나고 가슴이 답답한 증상, 기침 등을 낫게 한다."고 기록되어 있다. 기관지가 약해 기침을 많이 하는 노인이나 어린아이에게 오미자 우린 물을 마시게 하면 기침을 멎게 하며 기침 감기에도 효과가 있다.

오미자에 들어 있는 유기산은 새콤한 맛을 내는 성분인데, 체내 유해 세균을 살균하는 작용을 하고 신진대사를 활발하게 해주어 피로 회복에 도움이 된다. 입안이 마르거나 심한 갈증 등을 치료하기 때문에 땀을 많이 흘리는 한여름에 자주 마시면 자양 강장 효과도 볼 수 있다. 간 보호 작용을 해 음주 전후에 마시면 숙취 해소에도 좋다.

오미자는 혈액순환을 돕고 혈압을 정상 수치로 돌려놓는 효과가 있어, 고혈압 환자뿐 아니라 혈압이 낮은 사람, 혈액순환이 잘 안 되는 사람에게 도움이 된다. 혈액순환이 원활해지면 얼굴과 몸의 부기 제거 효과도 있으며, 100g당 23kcal라는 낮은 열량으로 수분과 영양소를 보충할 수 있어 여성들의 다이어트 음료로도 좋다. 오미자에 함유돼 있는 비타민 E와 C는 항노화의 효능을 발휘한다.

▎오미자 효소액의 효능

· 폐를 보하고 기침이 나면서 숨이 찰 때 효과가 있다.

· 간장을 보호하고 해독하며 혈압을 낮춘다.

· 입안이 마르거나 심한 갈증에 좋다.

· 피로 회복과 자양 강장 효과가 있다.

▎채취 시기

8월 중순부터 9월 초 사이에 약간 덜 익은 오미자 열매를 사용한다.

오미자 1kg : 백설탕 800g

오미자와 설탕의 비율은 1:0.8이다. 오미자 무게의 50%인 500g의 설탕은 용기 바닥에 깔아주고, 버무리고, 덮어주는 용도로 사용하며 나머지 300g은 발효 과정에서 2~3회 덮어주는 용도로 쓴다.

1. 오미자는 잡티를 골라내고 씻은 뒤 그늘에서 물기를 말린다.

2. 분량의 설탕 중 오미자 무게의 50%인 500g의 일부를 용기 바닥에 1~3cm 두께로 붓는다.

3. 5번 과정에서 사용할 설탕을 제외한 백설탕 모두를 오미자에 넣고 설탕이 골고루 묻도록 버무려준다.

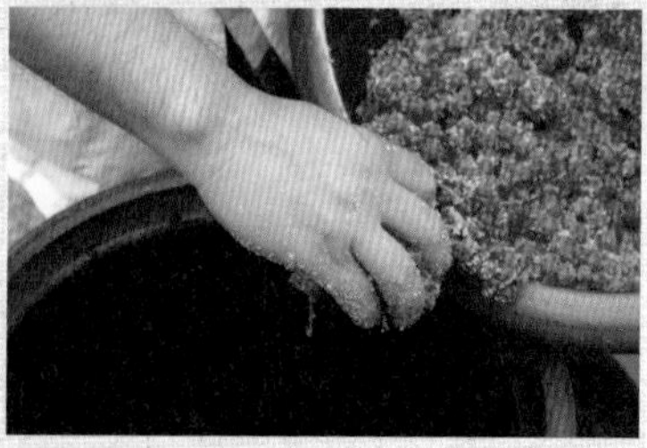

4. 버무린 오미자를 준비된 용기에 70% 정도만 차게 담는다.

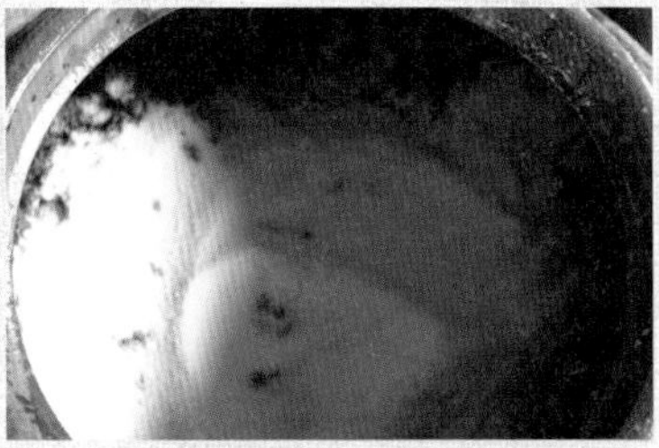

5. 3번 과정에서 남겨둔 설탕을 오미자가 안 보일 정도로 덮어주고 밀봉한다. 직사광선이 들지 않고 통풍이 잘 되는 곳에서 발효에 들어간다.

여기까지 사용한 설탕 500g

6. 발효가 시작되면 위에 덮었던 설탕이 녹아 점차 사라지게 된다. 이 설탕이 30%쯤 남았을 때 남겨두었던 300g의 설탕을 2회 분량으로 나누어 2회에 걸쳐 다시 덮어주고 밀봉한다.

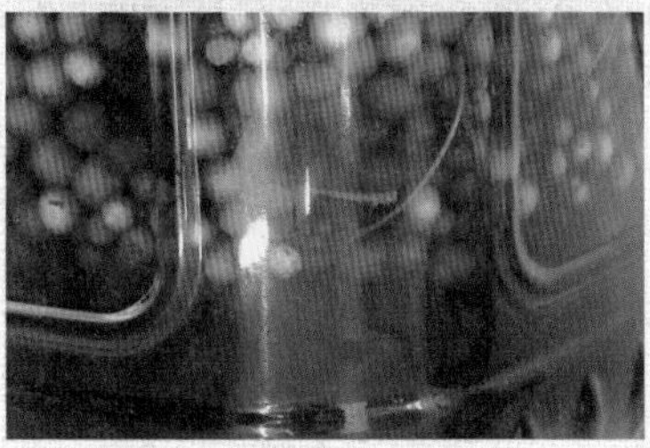

7. 오미자의 발효 기간은 2~3개월 정도이다.

8. 발효가 끝나면 재료를 걸러내고 원액만 숙성 용기에 담는다. 숙성은 6개월 이상 필요하다.

걸러내고 남은 오미자는?

걸러낸 오미자는 끓인 물을 미지근하게 식힌 뒤 기호에 따라 넣고 우려내 차로 마시면 된다.

오미자 효소 활용법

입맛을 돋게 하는 색감과 새콤달콤한 맛을 가진 오미자 효소는 여름철 갈증 해소와 원기 회복을 위한 음료수로 아주 좋다. 시원한 얼음물에 희석해 수시로 마시면 어린아이부터 노인들까지 건강한 여름을 나게 해준다.

비트 효소

"적혈구 생성을 도와
빈혈을 예방하고 변비를 해소한다."

명아주과에 속하는 비트는 고구마와 비슷한 모양의 뿌리를 가진 식물로, '레드 레디쉬(red redish)'라고도 불리며 원산지는 유럽 남부로 알려져 있다. 자색의 뿌리는 아삭아삭한 식감에 순무와 비슷한 맛을 갖고 있어 생으로 먹어도 좋고, 식욕을 돋우는 색감 때문에 즙을 내서 소스에 활용하거나 여러 가지 요리에 넣을 수 있다. 비트 잎 역시 쌈채소 등으로 인기가 많은데 재배가 어렵지 않아 집 안에서도 손쉽게 기를 수 있다.

비트 하면 가장 먼저 떠오르는 영양소가 바로 철분인데, 간을 깨끗하게 만들어 적혈구 생성을 돕고 빈혈까지 예방해준다. 심장을 강하게 해주고 정신을 안정시키는 효능이 있어 심장이 약한 사람에게 도움이 된다.

더불어 여느 과일들과 마찬가지로 각종 비타민과 미네랄, 섬유질 등이 풍부하게 함유되어 있어 면역력을 돕고, 피로 회복과 변비 해소, 성인병 예방에 탁월한 효과를 보인다. 특히 비트의 자색 뿌리에 함유된 붉은 색소인 '안토시아닌' 성분은 체내의 활성산소를 중화시키며, 베타인이라는 성분은 암 예방에 효과적이다.

채소류가 갖고 있는 뛰어난 효능 중 빠지지 않는 것이 성인병 예방인데, 비트 역시 손상된 간세포의 생성을 돕고 지방간을 억제하며 혈압을 낮춰주기 때문에 각종 성인병에 아주 좋은 음식이다.

녹즙기로 짜낸 '생즙'은 진한 레드와인 색으로 당근처럼 '단맛'을 품고 있다. 껍질을 깎아 생으로 먹으면 역시 당근처럼 씨알이 굵고 단단해 식감이 느껴지고 입안이 온통 붉은색으로 변할 정도다. 천연 식용 염료로도 사용되지만 수용성이라 맑은 물로 헹구면 금방 지워진다.

❙ 비트 효소액의 효능

· 안토시아닌 성분이 체내 활성산소를 중화시켜 암 예방 효과가 있다.

· 철분이 많아 빈혈을 예방해준다.

· 심장을 강하게 해주고 정신을 안정시킨다.

❙ 채취 시기

보통은 여름이 제철이지만, 제주도에서 나는 비트는 월동 작물이라 2월경에 햇 비트가 나온다. 알뿌리의 크기가 직경 10cm 정도이면 다 자란 것이며, 색은 선명한 자주색을 띠고 있는 것이 좋다. 효소를 담글 때는 알뿌리만 사용한다.

비트 1kg : 백설탕 1kg

비트와 설탕의 비율은 1:1이다. 설탕 분량 중 60%는 용기 바닥에 깔아주고, 버무리고, 덮어주는 용도로 사용하며 나머지 40%는 발효 과정에서 2~3회 덮어주는 용도로 쓴다.

1. 비트는 흙이 남아 있지 않도록 깨끗이 씻은 뒤 물기를 완전히 제거한다.

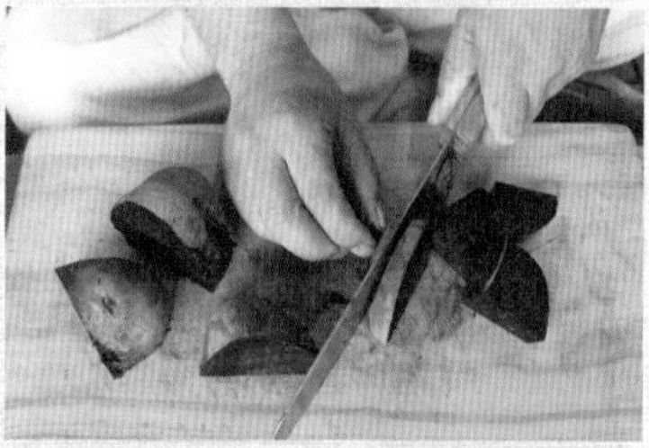

2. 비트의 물기가 완전히 마르면 4등분한 뒤 1cm 두께로 썬다.

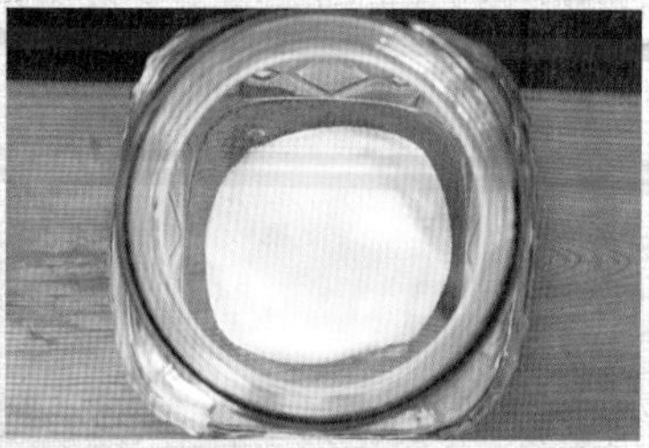

3. 분량의 설탕 중 60%인 600g의 일부를 용기 바닥에 1~3cm 두께로 붓는다.

4. 6번 과정에서 사용할 설탕을 제외한 백설탕 모두를 썰어놓은 비트에 넣고 설탕이 골고루 묻을 수 있도록 살살 버무려준다.

5. 설탕에 버무린 비트를 용기에 70% 정도만 차게 담는다.

6. 4번 과정에서 남겨둔 설탕을 비트가 안 보일 정도로 덮어주고 밀봉한다. 직사광선이 없고 통풍이 잘 되는 곳에서 발효에 들어간다.

여기까지 사용한 설탕 600g

7. 발효가 시작되면 위에 덮었던 설탕이 녹아 점차 사라진다. 이 설탕이 30%쯤 남았을 때 남겨두었던 400g의 설탕을 2~3회 분량으로 나누어 2~3회에 걸쳐 다시 덮어주고 밀봉한다. 이 시기는 기온, 습도 등 환경에 따라 다르므로 관심을 갖고 수시로 들여다보아야 한다.

8. 비트의 발효 기간은 3~4개월이다.
9. 발효가 끝나면 재료를 걸러내고 원액만 숙성 용기에 담는다. 숙성은 6개월 이상 필요하다.

비트 효소 활용법

비트는 고운 색감 때문에 요리에 색을 낼 때 많이 사용한다. 특히 샐러드 소스에 활용하거나 플레인 요구르트에 넣어서 먹으면 눈과 입이 즐거운 음식이 된다.

파프리카 효소

"피부 트러블을 막아주고 고혈압,
심근경색 등을 예방하는 효과가 있다."

파프리카는 터키의 대표적인 향신 채소로 단맛부터 매운맛까지 종류가 다양하다. 국내에서는 보통 매운맛이 나는 것을 피망으로, 단맛이 나는 것을 파프리카로 칭한다. 색 또한 다양한데, 이는 리코펜이나 베타카로틴과 같은 유기화합물(색소) 때문이다.

리코펜, 베타카로틴은 멜라닌 색소 생성을 막아 기미나 주근깨, 검버섯 같은 피부 잡티는 물론 암을 예방해주는 성분이다. 최근에는 이러한 성분들이 콜레스테롤 수치를 10% 이상 떨어뜨렸다는 연구 결과도 나왔다. 특히 붉은색 파프리카가 녹색 파프리카보다 100배 이상의 베타카로틴을 함유하고 있다고 한다.

파프리카는 고추 품종에 속하는 만큼 비타민 C를 다량 함유하고 있다. 1937년, 파프리카에서 비타민 C를 추출하는 데 성공한 헝가리 과학자 엘베르트 센트죄르지는 그 공로를 인정받아 노벨상을 수상하기도 했다.

비타민 C 외에도 파프리카에는 피라진 성분이 들어 있는데, 이는 혈액 응고를 방지해 고혈압과 심근경색, 뇌경색을 예방하는 데 효과적이다. 이 성분은 노란색 파프리카에 다량 함유되어 있으며, 주황색의 파프리카에는 눈에 좋은 비타민 A와 B, 칼슘, 전분 등이 풍부하다. 파프리카는 칼로리가 낮고 수분 함량이 높아 운동 후 갈증 해소에도 제격이며 골다공증, 관절염, 안과 질환 등도 예방해 '보석 채소'라고 불린다.

파프리카를 고를 때는 색상이 선명하고 몸통이 통통하며, 반듯한 모양을 지닌 것을 고르는 게 좋고, 다른 채소에 비해 색과 맛이 금세 변질되기 때문에 다량을 한꺼번에 구입하지 않는 게 좋다.

❙ 파프리카 효소액의 효능

· 채소 중 비타민 C 함유량이 가장 높아 피부 미용에 좋다.
· 베타카로틴이 풍부해 암 예방 효과가 뛰어나다.
· 혈액 응고를 방지해 고혈압과 심근경색 등을 예방해준다.

❙ 채취 시기

보통 하우스에서 재배하는 채소여서 사계절 내내 싱싱한 것을 구할 수 있다. 껍질이 반들반들하고 색이 선명한 것을 구입한다. 색깔별로 따로 담가도 되고 노란색, 빨간색, 초록색을 섞어서 담가도 무방하다.

파프리카 1kg : 백설탕 1kg

파프리카와 설탕의 비율은 1:1이다. 설탕 분량 중 60%는 용기 바닥에 깔아주고, 버무리고, 덮어주는 용도로 사용하며 나머지 40%는 발효 과정에서 2~3회 덮어주는 용도로 쓴다.

1. 파프리카는 꼭지와 함께 깨끗이 씻은 뒤 물기를 완전히 제거한다.

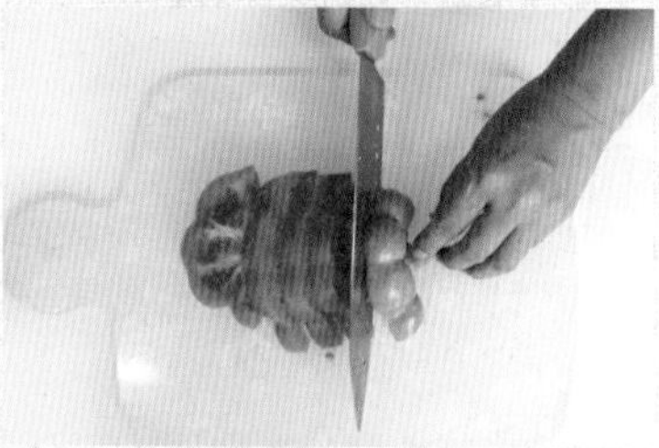

2. 파프리카의 물기가 완전히 마르면 2등분한 뒤 꼭지와 함께 3cm 두께로 썬다.

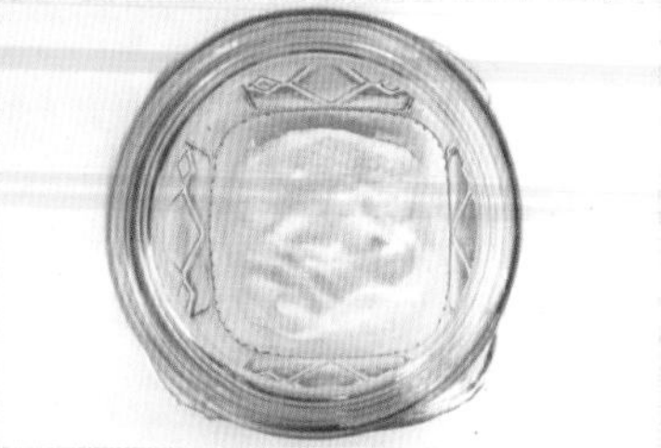

3. 분량의 설탕 중 60%인 600g의 일부를 용기 바닥에 1~3cm 두께로 붓는다.

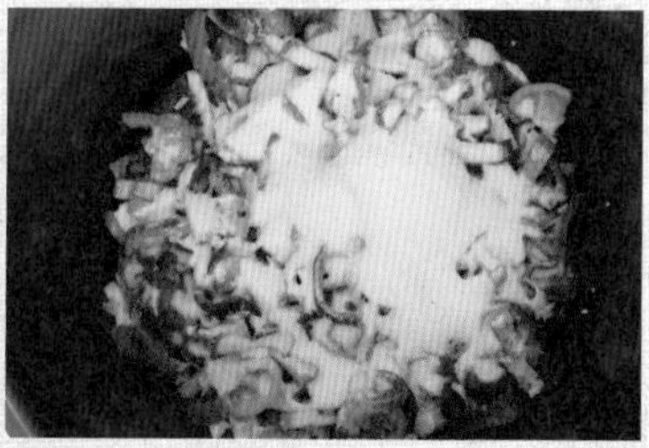

4. 7번 과정에서 사용할 설탕을 남겨놓고 나머지 백설탕 모두를 썰어놓은 파프리카에 넣는다.

5. 파프리카에 설탕이 잘 묻을 때까지 손에 약간 힘을 주어 버무려준다.

6. 설탕에 버무린 파프리카를 용기에 70% 정도만 차게 담는다.

7. 4번 과정에서 남겨둔 설탕을 파프리카가 안 보일 정도로 덮어주고 밀봉한다. 직사광선이 없고 통풍이 잘 되는 곳에서 발효에 들어간다.

여기까지 사용한 설탕 600g

8. 발효가 시작되면 위에 덮었던 설탕이 녹아 점차 사라지게 된다. 이 설탕이 30%쯤 남았을 때 남겨두었던 400g의 설탕을 2~3회 분량으로 나누어 2~3회에 걸쳐 다시 덮어주고 밀봉한다. 이 시기는 기온, 습도 등 환경에 따라 다르므로 관심을 갖고 수시로 들여다보아야 한다.
9. 파프리카의 발효 기간은 2~3개월이며, 가을철에 담글 경우 3~4개월이다.
10. 발효가 끝나면 재료를 걸러내고 원액만 숙성 용기에 담는다. 숙성은 6개월 이상 필요하며, 가을에 담근 파프리카 효소는 1년 이상 숙성시킨다.

사과 효소

"피부를 윤기 나게 가꿔주고
면역력을 키워준다."

누가 뭐래도 '과일의 여왕'은 사과다. 피부 보약이라고도 불릴 만큼 비타민 C가 풍부하고 식이 섬유가 다량 함유되어 있기 때문이다. 민간에서는 아침에는 금사과, 점심에는 은사과, 저녁에는 독사과라는 말이 있을 만큼 먹는 시간에 따라 효과가 다르다고도 하는데, 이는 펙틴이라는 성분이 소화 기능에 부담을 주거나 소화가 덜 된 섬유소 때문에 장 내에 가스가 찰 수 있기 때문이지, 기본적인 사과의 효능이 반감되는 것은 아니다.

사과의 효능은 이미 의학적으로도 밝혀진 바가 많은데, 기본적으로 변비에 특효약이며, 포만감이 높은 것에 비해 열량이 낮아 다이어트 과일로 손색이 없다. 더불어 높은 함유량을 보이는 칼륨은 몸속에 쌓인 염분을 배출시켜 혈압을 낮춰주고, 혈당이 급속하게 오르는 것을 막아주기 때문에 성인병을 예방한다. 사과가 갖고 있는 유기산은 우리 몸의 면역력을 키우는 역할을 한다.

또한 껍질에 많이 포함되어 있는 펙틴은 저밀도 지방이나 콜레스테롤, 중금속과 같은 유해 물질을 몸 밖으로 내보내는 역할을 담당할 뿐 아니라 장 운동을 촉진시켜 장을 건강하게 만들어준다.

사과는 니코틴을 해독시켜 몸 밖으로 배출하는 효과가 있는데 껍질과 함께 먹을 때 더 큰 효과를 얻을 수 있다. 또한 사과에 들어 있는 폴리페놀이나 케세틴 성분은 항산화 작용을 촉진해 노화를 방지해준다. 유럽에서는 매일 사과 한 알만 먹으면 의사가 필요 없다는 말이 있을 정도로 사과는 건강 과일의 대표 주자인 셈이다.

❙ 사과 효소액의 효능

· 비타민 C가 풍부해 피부 미용에 좋고 피로를 풀어준다.
· 혈압을 낮추고 혈당이 오르는 것을 막아주어 성인병을 예방한다.
· 장 운동을 촉진시켜 변비 해소에 도움이 된다.
· 폴리페놀 성분이 노화를 방지해준다

❙ 채취 시기

사과는 품종에 따라 초여름부터 늦가을까지 시기를 달리하며 수확한다. 효소용으로 쓸 사과는 단맛보다는 신맛이 강한 것이 좋기 때문에 완전히 익은 것보다는 풋사과로 하는 것이 더 효과적이다. 가장 좋은 것은 '능금'이라 불리는 옛날 사과이지만 요즘은 구하기 어렵다.

사과 1kg : 백설탕 800g

사과와 설탕의 비율은 1:1이다. 설탕은 사과 무게의 50%인 500g을 용기 바닥에 깔아주고, 버무리고, 덮어주는 용도로 사용하며 나머지 300g은 발효 과정에서 2~3회 덮어주는 용도로 쓴다.

1. 사과는 껍질과 꼭지 부분을 깨끗이 씻은 뒤 물기를 제거한다.

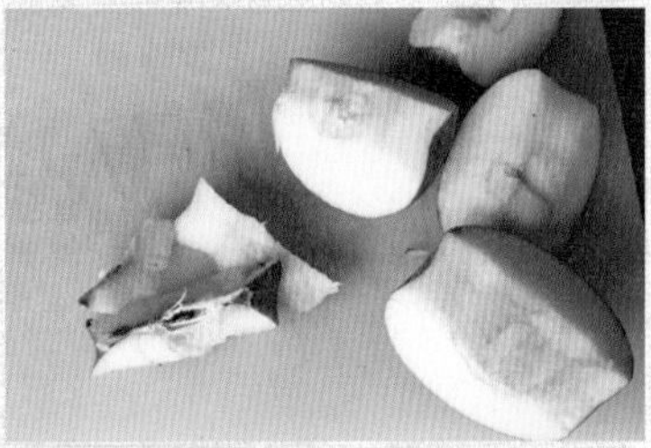

2. 사과의 물기가 완전히 마르면 4등분한 뒤 속의 씨와 씨방을 도려낸다. 사과 씨에는 비소 성분이 들어 있기 때문에 꼭 제거하고 담가야 한다.

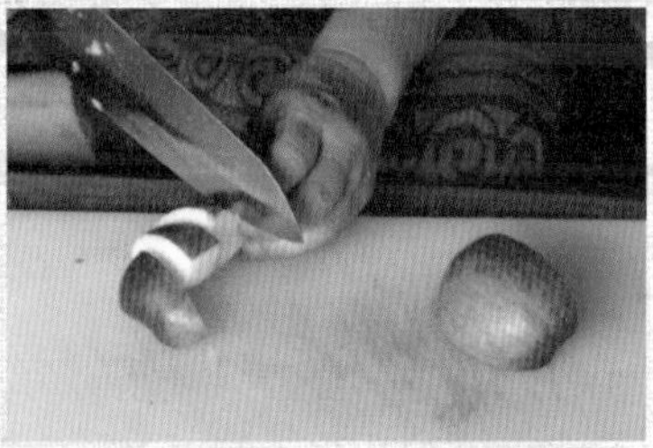

3. 씨앗 부분을 도려낸 사과를 2cm 두께로 썬다.

4. 담글 때 사용할 설탕 500g의 일부를 용기 바닥에 1~3cm 두께로 붓는다.

5. 8번 과정에서 사용할 설탕을 남겨놓고 나머지 백설탕 모두를 썰어놓은 사과에 넣는다.

6. 사과는 세게 버무리지 말고 설탕을 살짝 묻힌다는 느낌으로 살살 버무린다. 사과의 액이 살짝 나오고 사과 향이 돌면 잘 버무려진 것이다.

7. 설탕에 버무린 사과를 용기에 70% 정도만 차게 담는다.

8. 5번 과정에서 남겨둔 설탕을 사과가 안 보일 정도로 덮어주고 밀봉한다. 직사광선이 없고 통풍이 잘 되는 곳에서 발효에 들어간다.

여기까지 사용한 설탕 500g

9. 발효가 시작되면 위에 덮었던 설탕이 녹아 점차 사라지게 된다. 이 설탕이 30%쯤 남았을 때 남겨두었던 300g의 설탕을 2~3회 분량으로 나누어 2~3에 걸쳐 다시 덮어주고 밀봉한다. 이 시기는 기온, 습도 등 환경에 따라 다르므로 관심을 갖고 수시로 들여다보아야 한다.
10. 사과의 발효 기간은 2~3개월이다.
11. 발효가 끝나면 재료를 걸러내고 원액만 숙성 용기에 담는다. 숙성은 1년 이상 필요하다.

배 효소

“기관지염과 기침, 가래, 천식 등의 예방과 치료에 효과적이다.”

가을 제철 과일의 대표이자 보기에도 탐스러운 배는 그리스 역사가 호머가 '신의 선물'이라 칭할 정도로 시원하고도 달콤한 맛을 자랑한다. 중국 당대의 역사서 《신당서》에는 발해의 오얏 · 배 등이 소개되어 있고, 《고려사》 속 〈식화지〉에도 배나무에 관한 기록이 있다. 이는 우리가 오래전부터 배를 먹어왔다는 사실을 말해준다.

이처럼 예부터 식용되었을 뿐 아니라 해열제 등 민간요법 재료로도 사용되어온 배는 특히 단백질을 연하게 하고 단백질 소화를 돕는 연육 효소를 가득 함유하고 있어 소화제로도 이름을 떨쳤다.

우리가 익히 알고 있는 대로 배는 다량의 수분과 사과산, 주석산 등의 유기산, 칼륨, 비타민 B와 C, 지방 등 많은 영양소를 지니고 있다. 특히 수분과 식이 섬유의 함량은 과실류 중 단연 최고라 할 수 있다. 때문에 갈증 해소 및 숙취 해소에 좋으며, 배변과 이뇨를 돕고, 장 내 세균 증식을 막아 대장암을 예방한다. 또한 발암 물질이나 내분비계 장애 원인 물질을 소변으로 신속하게 배출하는 데 탁월하다는 연구 결과도 있다.

배의 영양소 중 가장 대표적인 것을 꼽으라면 바로 루테올린 성분이다. 이 성분은 기관지염과 기침, 가래 등을 다스려 목감기와 천식 예방 및 치료에 뛰어난 효능을 보인다.

또한 타닌과 펙틴 성분은 각각 설사 증세와 혈중 콜레스테롤 수치 저하를 도우며, 폴리페놀 등의 성분은 강한 항산화 작용으로 손상된 DNA를 회복시키고 면역 기능을 높여주는 것으로 알려져 있다.

▎배 효소액의 효능

· 루테올린 성분이 있어 기관지 관련 질환의 예방과 치료에 효과적이다.

· 갈증 해소 및 숙취 해소에 좋다.

· 혈중 콜레스테롤 수치를 낮춰주며, 면역 기능을 높여준다.

▎채취 시기

추석 즈음부터 10월경까지가 제철이다. 배는 크고 물이 많은 것을 고르는 것이 중요한데, 껍질에 있는 흰색 점 무늬가 큰 것, 배꼽 부분이 넓고 깊은 것일수록 맛이 좋다. 껍질에 푸른 기가 살짝이라도 남아 있으면 단맛이 덜하다고 볼 수 있다.

배 1kg : 황설탕 1kg

배와 설탕의 비율은 1:1이다. 설탕 분량 중 50%는 용기 바닥에 깔아주고, 버무리고, 덮어주는 용도로 사용하며 나머지 50%는 발효 과정에서 2~3회 덮어주는 용도로 쓴다.

1. 배는 흐르는 물에 씻어 물기를 제거한다.
2. 배를 4등분한 뒤 껍질, 씨, 씨방을 포함해 2cm 두께로 썬다.
3. 분량의 설탕 중 50%인 500g의 일부를 용기 바닥에 1~3cm 두께로 붓는다.
4. 7번 과정에서 사용할 설탕을 남겨놓고 나머지 설탕을 썰어놓은 배에 넣는다.
5. 세게 버무리지 말고 설탕을 살짝 묻힌다는 느낌으로 살살 버무린다.
6. 설탕에 버무린 배를 용기에 70% 정도만 차게 담는다.
7. 4번 과정에서 남겨둔 설탕을 배가 안 보일 정도로 덮어주고 밀봉한다. 직사광선이 없고 통풍이 잘 되는 곳에서 발효에 들어간다.

   여기까지 사용한 설탕 500g

8. 발효가 시작되면 위에 덮었던 설탕이 녹아 점차 사라지게 된다. 이 설탕이 30%쯤 남았을 때 남겨두었던 500g의 설탕을 2~3회 분량으로 나누어 2~3회에 걸쳐 다시 덮어주고 밀봉한다.
9. 배의 발효 기간은 2~3개월이다.
10. 발효가 끝나면 원액만 숙성 용기에 담아 1년 이상 숙성시킨다.

배 효소 활용법

고기 양념할 때 배 효소를 넣으면 맛이 부드러워지고, 소화가 잘 안 될 때 미지근한 물에 섞어 마시면 효과를 볼 수 있다. 환절기에 아침저녁으로 원액을 30cc씩 먹으면 목감기, 기침감기를 예방할 수 있다.

과일 효소의 장점

1. 껍질과 씨앗의 영양성분까지 먹을 수 있다

과일은 껍질과 씨에 뛰어난 영양소가 많이 들어 있다. 과일로 효소를 담그면 껍질과 씨까지 통째로 발효시킴으로써 좋은 성분들을 온전히 섭취할 수 있어 좋다.

2. 껍질에 있는 해독 성분을 섭취할 수 있다

모든 동식물들은 스스로 해독 능력을 가지고 있는데 과일은 껍질에 해독 성분이 있다. 껍질과 과육을 함께 발효시키면 껍질에 있는 해독 성분을 추출하여 섭취하게 되므로, 몸에 쌓인 유해 성분도 해독시키는 장점이 있다.

3. 자연의 맛을 유지하면서도 오래 보관할 수 있다

과일은 장기 보관이 불가능하지만 효소로 만들면 과일의 좋은 성분을 몇 년씩 유지하며 먹을 수 있다. 아이들의 음료를 탄산 음료에서 과일 효소 음료로 바꿔주기만 해도 건강 증진에 많은 도움이 될 것이다.

*** 과일 효소 담글 때 주의할 점

과일, 채소, 곡물, 뿌리 중에서 효소의 함량이 제일 높은 것이 과일이다. 따라서 다른 것에 비해 발효가 잘 일어나는 편이지만, 이런 이유로 이롭지 않은 곰팡이가 생길 확률도 높으므로 자주 확인하고 관리해주어야 한다.

느타리버섯 효소

" 어린이들의 성장 발육을 촉진하며,
암 치료 효과도 있다."

느타리버섯은 우리나라 전역의 활엽수 그루터기나 썩은 나무둥치에서 무리 지어 돋아난다. 현재 우리나라에는 느타리버섯, 표고버섯, 양송이버섯 등이 주로 재배되는데, 이중 느타리버섯이 대부분을 차지한다. 그만큼 값이 저렴하고 흔하지만 맛과 향이 일품이라 한국인 식단의 대표 버섯으로 자리매김한 지 오래다.

특히 비타민 B2, 비타민 D, 니아신 등이 풍부해서 어린이들의 성장 발육을 촉진하며, 뼈와 치아의 발육에도 도움이 된다. 단백질, 당질대사에 필요한 니아신은 피부염을 예방할 뿐 아니라 면역력 증강, 골다공증을 예방하는 작용도 한다.

느타리버섯은 비타민 D2의 모체인 에르고스테롤을 많이 함유하고 있어 고혈압과 동맥경화 예방 및 치료에도 뛰어난 효과를 보인다. 일본에서는 암 치료 시 부작용을 줄여주고 면역 기능을 강화해 암세포 증식을 막는다는 연구 논문이 발표되었는데 특히 유방암, 폐암, 간암 치료에 효과적이라고 한다.

더불어 항종양 · 항바이러스 작용으로 알레르기 반응을 억제하며, 저혈압에도 특효가 있다. 또한 수분 함유량이 90%로 높고 미네랄과 단백질, 당질 등이 나머지 10%를 차지하고 있는 저칼로리 고단백 식품인 데다 씹는 식감은 고기와 비슷해서 다이어트 식품으로 아주 좋다. 느타리버섯에 들어 있는 셀레늄 성분은 강력한 항산화제로서 활성산소를 제거해주어 노화 예방에도 효과적이다.

느타리버섯은 갓의 크기가 작은 것, 줄기가 단단하고 굵은 것이 신선한 것이다. 갓의 표면에는 약산 회색빛이 돌아야 하며 갓 뒷면의 빗살무늬가 가지런하고 흰빛을 띠는 것이 좋다.

▎느타리버섯 효소액의 효능

· 유아의 뼈 발육, 어린이들의 성장 발육을 촉진한다.

· 알레르기 반응을 억제하며 저혈압에도 좋다.

· 암 치료 시 부작용을 줄여주고 암세포 증식을 막는다.

▎채취 시기

늦가을부터 봄이 수확 시기이다. 느타리버섯의 갓이 직경 3cm 이상, 대의 길이는 6~7cm쯤 되는 것이 가장 좋다.

느타리버섯 1kg : 황설탕 1kg

느타리버섯과 설탕의 비율은 1:1이다. 설탕 분량 중 60%는 용기 바닥에 깔아주고, 버무리고, 덮어주는 용도로 사용하며 나머지 40%는 발효 과정에서 2~3회 덮어주는 용도로 쓴다.

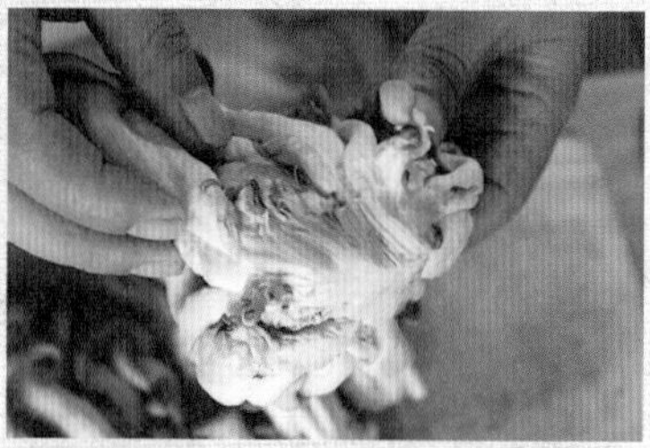

1. 느타리버섯은 뿌리 부분인 밑동을 잘라낸다. 물에 씻을 필요는 없다.

2. 느타리버섯을 1~2cm 길이로 잘게 썬다. 뭉쳐 있는 밑동 부분은 다시 한 번 잘게 썰어준다. 버섯은 균사체로 이루어져 있기 때문에 잘게 썰어주지 않으면 곰팡이가 생기기 쉽다.

3. 분량의 설탕 중 60%인 600g의 일부를 용기 바닥에 1~3cm 두께로 부어준다.

4. 7번 과정에서 사용할 설탕을 남겨놓고 나머지 황설탕을 썰어놓은 느타리버섯에 넣는다.

5. 설탕과 느타리버섯을 섞어가며 세게 주무르듯 버무린다. 물기가 촉촉하게 나올 정도로 버무려서 설탕을 충분히 묻혀주지 않으면 곰팡이가 생길 수 있다.

6. 설탕에 버무린 느타리버섯을 용기에 70% 정도 만 차게 담는다.

7. 4번 과정에서 남겨둔 설탕을 느타리버섯이 안 보일 정도로 덮어주고 밀봉한다. 직사광선이 없고 통풍이 잘 되는 곳에서 발효에 들어간다.

여기까지 사용한 설탕 600g

8. 발효가 시작되면 위에 덮었던 설탕이 녹아 점차 사라지게 된다. 이 설탕이 30%쯤 남았을 때 남겨두었던 400g의 설탕을 2회 분량으로 나누어 2회에 걸쳐 다시 덮어주고 밀봉한다. 버섯 종류는 곰팡이가 쉽게 생기기 때문에 수시로 들여다보면서 설탕을 잘 덮어주는 것이 중요하다.

9. 느타리버섯의 발효 기간은 3~4개월이다.

10. 발효가 끝나면 재료를 걸러내고 원액만 숙성 용기에 담는다. 숙성은 최소 6개월 이상이다.

걸러내고 남은 느타리버섯은?

걸러내고 남은 느타리버섯은 다른 채소와 함께 볶아 먹어도 되고, 김치찌개 등에 조금씩 넣어 먹어도 맛이 좋다.

생표고버섯 효소

"신진대사를 원활하게 해주고
고혈압과 동맥경화 예방에 좋다."

예부터 불로장생의 영약으로 꼽히는 표고버섯은 "기(氣)를 돕고, 허기를 느끼지 않게 하며, 풍(風)을 고치고 피를 잘 통하게 한다."고 알려져 있다. 그만큼 표고버섯은 매우 풍부한 영양소를 자랑한다.

표고버섯의 포자에는 신진대사를 돕는 리보핵산이 들어 있는데, 이 성분은 갓이 활짝 피지 않은 것에 더 많이 들어 있다. 때문에 갓이 덜 핀 두꺼운 표고버섯을 고르는 게 좋으며, 만졌을 때 물기가 적고 단단하며, 줄기가 짧은 것이 좋은 버섯이다.

표고버섯은 콜레스테롤을 제거하는 에리다데민 성분이 많아 기름기 많은 음식이나 육류와 궁합이 잘 맞는다. 이 성분은 혈관에 쌓인 노폐물을 배출시키고 콜레스테롤 수치를 낮춰주기 때문에 고혈압과 동맥경화를 예방할 뿐 아니라 치료에도 특효가 있다. 항암 성분인 레티닌도 풍부하게 함유하고 있어 자연 건강식이라 할 수 있다.

또한 풍부한 비타민 B군은 피로 회복, 심장 비대 예방, 구순염과 각막염 치료, 빈혈 완화 등에 효과를 보이며, 비타민 D는 칼슘 흡수를 도와 골격과 치아를 단단하게 만든다. 섬유질이 많고 칼로리가 낮으며 인슐린을 조절해 변비와 대장암, 당뇨병 치료에도 효과적이다. 표고버섯에 풍부하게 들어 있는 비타민 B1과 B2는 태아의 골격을 키워주고 임산부에게 부족하기 쉬운 혈액을 보충해주어 빈혈 예방에 좋다.

표고버섯이 갖고 있는 몸에 좋은 성분들은 효소나 차 등으로 만들 때 더 잘 추출되는 경향이 있으므로 발효 효소액으로 만들어 섭취하면 더 큰 효과를 볼 수 있다.

❙ 생표고버섯 효소액의 효능

· 콜레스테롤을 제거해주므로 고혈압, 동맥경화를 예방해준다.

· 항암 성분인 레티닌이 풍부하게 들어 있다.

· 비타민류가 많이 들어 있어 피로 회복을 돕는다.

· 태아의 골격을 키워주고 임산부의 빈혈을 막아준다.

❙ 채취 시기

품종에 따라 봄에만 나오는 것도 있고, 사계절 내내 나오는 것도 있다. 갓이 반구형으로 말려 있으며, 짙은 갈색이나 검은색을 띠는 것으로 구입한다. 갓이 완전히 핀 것은 채취 시기가 지난 것이므로 신선하지 않다.

생표고버섯 1kg : 황설탕 1kg

느타리버섯과 설탕의 비율은 1:1이다. 설탕 분량 중 60%는 용기 바닥에 깔아주고, 버무리고, 덮어주는 용도로 사용하며 나머지 40%는 발효 과정에서 2~3회 덮어주는 용도로 쓴다.

1. 생표고버섯은 물에 씻을 필요 없이 밑동이나 갓에 묻은 잡티를 털어내는 정도로 손질한다.

2. 칼로 썰지 말고 손으로 잘게 찢어준다. 생표고버섯은 수분이 많지 않고 균사체로 되어 있기 때문에 잘게잘게 찢지 않으면 발효 과정에서 곰팡이가 생길 수 있다.

3. 분량의 설탕 중 60%인 600g의 일부를 용기 바닥에 1~3cm 두께로 부어준다.

4. 7번 과정에서 사용할 설탕을 남겨놓고 나머지 황설탕을 썰어놓은 생표고버섯에 넣는다.

5. 설탕과 표고버섯을 섞어가며 세게 주무르듯 버무린다. 물기가 촉촉하게 나올 정도로 버무려서 설탕을 충분히 묻혀주지 않으면 곰팡이가 생길 수 있다.

6. 설탕에 버무린 생표고버섯을 용기에 70% 정도만 차게 담는다.

7. 4번 과정에서 남겨둔 설탕을 생표고버섯이 안 보일 정도로 덮어주고 밀봉한다. 직사광선이 없고 통풍이 잘 되는 곳에서 발효에 들어간다.

여기까지 사용한 설탕 600g

8. 발효가 시작되면 위에 덮었던 설탕이 녹아 점차 사라지게 된다. 이 설탕이 30%쯤 남았을 때 남겨두었던 400g의 설탕을 2회 분량으로 나누어 2회에 걸쳐 다시 덮어주고 밀봉한다. 버섯 종류는 곰팡이가 쉽게 생기기 때문에 수시로 들여다보면서 설탕을 잘 덮어주는 것이 중요하다.
9. 생표고버섯의 발효 기간은 3~4개월이다.
10. 발효가 끝나면 재료를 걸러내고 원액만 숙성 용기에 담는다. 숙성은 최소 6개월 이상이다.

06

동안 피부 만들어주는 효소

- 복분자 효소
- 어성초 효소
- 오이풀 효소
- 포도 효소
- 삼백초 효소
- 다래 효소
- 환삼덩굴 효소
- 벚나무 효소
- 옥수수 효소

복분자 효소

"여성호르몬 분비를 촉진시켜
피부 노화를 막아주고 갱년기를 늦춰준다."

장미과에 속하는 야생 나무딸기를 복분자라 하는데, 이 열매를 먹으면 소변을 볼 때마다 요강이 뒤집어질 만큼 건강해진다 해서 '엎어질 복(覆), 요강 분(盆), 아이 자(子)'라는 이름을 얻었다는 이야기는 너무도 유명하다. 이런 속설 덕에 남자에게 좋다고 알려져 있지만 여성에게도 아주 좋은 효능을 갖고 있으며, 성장기 어린이에게 꼭 필요한 영양분도 풍부하다.

복분자가 남자에게 좋다고 하는 이유는 남성호르몬인 테스토스테론을 16배나 증가시키고, 전립샘으로 가는 혈액순환을 도와 소변이 잘 나오게 하며 성 기능 개선 효과가 있기 때문이다. 복분자에 들어 있는 비타민 A와 C는 숙취와 피로를 풀어주며, 간 기능을 강화시키는 효능도 갖고 있다.

풍부하게 들어 있는 비타민 C는 기미나 주근깨 등 잡티가 생기지 않게 하고 피부 노화를 방지하기 때문에 여성들의 피부 미용에 탁월한 효과가 있다. 또한 폴리페놀 성분이 갖고 있는 항산화 작용과 골밀도를 높이는 기능은 동안 피부를 가꾸는 데 아주 좋다. 복분자는 여성호르몬인 에스트로겐의 양도

5배나 증가시켜, 여성호르몬 부족으로 인한 불임이나 자궁 이상을 개선시키고 갱년기를 늦춰주는 효과가 있다.

성장기 어린이의 뼈를 튼튼하게 해주고 성장호르몬 분비를 촉진시키는 칼슘도 많이 들어 있으며, 안토시아닌 성분이 시력을 보호하고 눈의 피로를 풀어주어 오랜 시간 공부에 매달려야 하는 청소년에게 먹이면 좋은 효과를 볼 수 있다.

▎복분자 효소액의 효능

· 비타민 C가 풍부해 피부 노화를 막아준다.
· 여성호르몬 부족으로 인한 불임에 효과가 있다.
· 남성 성 기능을 개선시키고 간 기능을 강화시킨다.
· 눈의 피로를 풀어주고 시력을 보호한다.

▎채취 시기

6월 15일경부터 7월 15일경의 까맣게 익은 복분자 열매를 채취한다.

복분자 1kg : 백설탕 800g

복분자와 설탕의 비율은 1:0.8이다. 복분자 무게의 50%인 500g의 설탕은 용기 바닥에 깔아주고, 버무리고, 덮어주는 용도로 사용하며 나머지 300g은 발효 과정에서 2~3회 덮어주는 용도로 쓴다.

1. 청정 지역이나 유기농으로 키운 복분자는 씻지 않고 티끌만 제거한다.

2. 설탕은 복분자 무게의 50%인 500g을 담글 때 사용하는데, 그중 일부를 용기 바닥에 1~3cm 두께로 깔아준다.

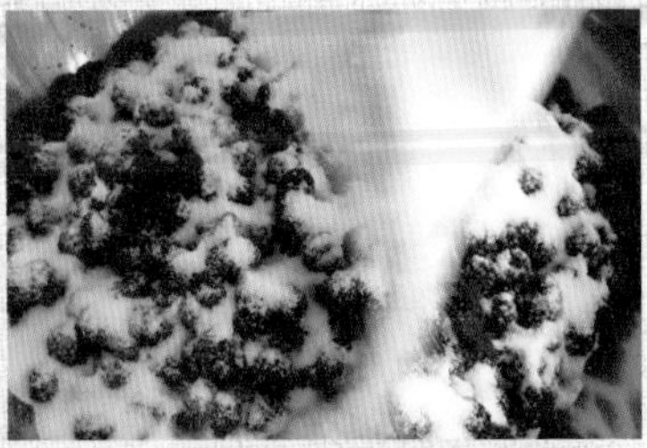

3. 6번 과정에서 사용할 설탕을 남겨놓고 나머지 설탕 모두를 손질한 복분자에 넣는다.

4. 복분자에 설탕이 골고루 묻도록 살랑살랑 버무려준다. 복분자는 살살 버무려도 금방 액이 나오기 때문에 세게 버무리면 안 된다.

5. 복분자를 용기에 70%쯤만 오게 담는다.

6. 3번 과정에서 남겨둔 설탕을 복분자가 안 보일 정도로 덮어준 뒤 밀봉한다. 직사광선이 들지 않고 통풍이 잘 되는 곳에서 발효에 들어간다.

여기까지 사용한 설탕 500g

7. 발효가 시작되면 위에 덮었던 설탕이 녹아 점차 사라지게 된다. 이 설탕이 30%쯤 남았을 때 남겨두었던 300g의 설탕을 100g씩 3회에 걸쳐 덮어준다. 이 시기는 기온, 습도 등 환경에 따라 다르므로 관심을 갖고 수시로 들여다보아야 한다.

8. 복분자의 발효 기간은 2~3개월이다.

9. 발효가 끝나면 재료를 걸러내고 원액만 숙성 용기에 담는다. 숙성은 6개월 이상 필요하다.

걸러내고 남은 복분자는?

걸러낸 복분자와 술을 1:5의 비율로 담가 3개월 뒤 거르면 복분자주가 되고, 차는 끓인 물을 미지근하게 식힌 뒤 걸러낸 복분자를 기호에 맞게 넣어서 우려 마시면 된다.

어성초 효소

"항알레르기 · 항염 작용으로
여드름과 아토피 피부염에 효과적이다."

여러해살이풀로 습지에서 잘 자란다. 잎은 어긋나며 모양은 심장형으로 고구마 잎 또는 메밀 잎과 비슷하게 생겨 순우리말로는 '약모밀'이라 불린다. 5~6월에 흰색 꽃이 피고 열매는 8~9월에 맺힌다. 풀 전체에서 생선 비린내 같은 고약한 냄새가 난다고 해서 '어성초(魚腥草)'라 불리며, 10가지 약효가 있다고 해서 일본에서는 '십약(十藥)'이라 부른다.

어성초는 항바이러스 작용으로 단순 포진, 독감에 쓰며 항균 작용이 뛰어나 여드름 같은 피부 화농성 질환이나 아토피 피부에 효과가 있다. 피부 트러블 개선뿐 아니라 보습 효과도 뛰어나 요즘은 어성초를 이용한 비누나 화장품 등이 앞다투어 출시되고 있다.

또 어성초는 소변 배출을 촉진시켜 신장의 기능을 활성화시킨다. 체내에 쌓인 각종 노폐물을 소변을 통해 배출하게 함으로써 피로 회복에도 도움을 준다. 어성초 생즙이나 차를 마시는 것보다는 발효시켰을 경우 비타민 B군 성분이 증가하는데 이 성분이 이뇨 작용을 촉진시키기 때문에 더욱 큰 효능

을 기대할 수 있다. 어성초가 갖고 있는 이뇨 작용은 황달, 배뇨 곤란 증세에 효과적이고 염증을 가라앉히는 소염 작용이 뛰어나 방광염, 신장염, 피부염에도 많이 쓰인다.

항알레르기 작용이 있어 알레르기성 비염에, 소염 작용이 뛰어나 축농증에 쓰며, 만성 기관지염에 도라지와 함께 쓰면 거담 작용을 한다. 진통 · 지혈 작용이 있어 치질에 좌훈이나 내복할 수 있으며 최근에는 급성 황달형 간염 치료에 쓴다. 뿌리에도 항바이러스 효능이 있다.

어성초 효소액의 효능

· 뛰어난 항균 작용으로 여드름과 아토피 피부염에 좋다.
· 신장 기능을 활성화시켜 몸에 쌓인 노폐물을 배출시킨다.
· 항알레르기 작용이 있어 비염, 축농증, 기관지염에 효과적이다.

채취 시기

6~8월 중순까지 채취하며 어성초의 잎, 줄기, 꽃, 뿌리 모두 사용한다.

어성초 1kg : 황설탕 1kg

어성초와 설탕의 비율은 1:1이다. 설탕 분량 중 60%는 용기 바닥에 깔아주고, 버무리고, 덮어주는 용도로 사용하며 나머지 40%는 발효 과정에서 2~3회 덮어주는 용도로 쓴다.

1. 어성초는 잎 뒷면까지 깨끗이 씻은 뒤 그늘에 널어 물기를 제거한다.

2. 설탕은 분량의 60%인 600g을 담글 때 사용하는데, 그중 일부를 용기 바닥에 1~3cm 두께로 깔아준다.

3. 어성초의 물기가 다 마르면 약 2~3cm 크기로 잘게 썬다.

4. 7번 과정에서 사용할 설탕을 제외한 나머지 설탕을 썰어놓은 어성초에 넣고 버무려준다.

5. 액이 살짝 돌면서 생선 비린내 같은 것이 올라올 때까지 조금 세게 버무려준다.

6. 버무린 어성초를 준비된 용기에 70%쯤만 오게 담는다.

7. 4번 과정에서 남겨둔 설탕을 어성초가 안 보일 정도로 덮어준 뒤 밀봉한다. 직사광선이 들지 않고 통풍이 잘 되는 곳에서 발효에 들어간다.

여기까지 사용한 설탕 600g

8. 발효가 시작되면 위에 덮었던 설탕이 녹아 점차 사라지게 된다. 이 설탕이 30%쯤 남았을 때 남겨두었던 400g의 설탕을 2~3회 분량으로 나누어 2~3회에 걸쳐 다시 덮어주고 밀봉한다.
9. 어성초의 발효 기간은 4~5개월 정도이다.
10. 발효가 끝나면 재료를 걸러내고 원액만 숙성 용기에 담아 6개월 이상 숙성시킨다.

어성초 효소 활용법

어성초를 발효시키면 생선 비린내 같은 냄새가 없어지고 오히려 음식의 잡냄새나 비린내를 제거해주므로, 해물 요리 등에 응용하면 좋다.

오이풀 효소

"수렴 작용 뛰어나 모공을 조여주고, 주름이 생기는 것을 막아준다."

양지 바른 산이나 들에서 자라는 여러해살이풀로, 7~9월에 긴 꽃자루의 위에서부터 자주색 꽃이 둥글게 뭉쳐서 핀다. 특별히 예쁘거나 화려한 꽃은 아니지만 모양이 독특해 꽃꽂이할 때 많이 쓴다.

부드러운 순과 잎은 나물로 먹을 수 있으며, 잎과 줄기는 차로 마시기도 한다. 잎과 줄기에는 영양소가 골고루 들어 있는데 특히 각종 미네랄이 많다. 꽃과 잎을 만져보면 오이보다 더 강한 오이 냄새가 나는데, 이런 이유로 오이풀이라고 하며 한방에서는 땅속의 두릅나무라고 해서 지유(地楡)라 부른다.

오이풀은 지혈, 수렴, 해독 등의 효능을 갖고 있다. 특히 바이러스성 피부질환에 좋은 약재이며, 미네랄이 오이보다 50배 이상 많이 들어 있어 천연 화장품 원료로 많이 쓰이고 있다. 오이풀 원액은 수렴 효과가 높아 모공을 조여주고 주름 생성을 억제해주며, 다크 서클이나 주근깨 등 멜라닌 색소가 피부에 침착하는 것을 억제하는 효과가 있다고 한다.

한방에서는 예부터 화상과 동상, 습진 등 각종 피부병의 치료약으로도 쓰였는데, 특히 화상 치료의 신약으로 알려져 있을 만큼 그 효과가 뛰어나다. 오이풀 뿌리를 볶아 가루로 빻은 뒤 화상 입은 부위에 뿌려주면 진물이 나지 않으며, 오이풀 가루에 참기름을 섞어 연고를 만들어 바르면 흉터 없이 빨리 낫는다. 피부에 습진이 생겼을 때도 오이풀 끓인 물로 염증 부위를 매일 씻어주면 쉽게 낫는다. 염증이나 타박상 등 곪은 곳에도 바르면 좋다.

오이풀은 출혈을 멈추게 하고 설사를 낫게 하므로 출혈, 월경 과다, 설사, 이질 등에도 쓴다. 급성 또는 만성 대장염에 걸렸을 때 오이풀 뿌리를 달여 마시면 효과를 볼 수 있다. 또한 줄기와 잎을 함께 끓여 먹으면 생리통을 낫게 해준다.

❙ 오이풀 효소액의 효능

· 미네랄 함유량이 오이보다 50배 많아 피부에 좋다.

· 모공을 조여주고, 주름을 예방하며 주근깨 등이 생기지 않게 해준다.

· 화상에 바르면 흉터 없이 빨리 아물게 한다.

❙ 채취 시기

오이풀은 전초를 사용할 수 있다. 잎, 줄기는 7~8월 사이에 채취해서 사용하며, 가을부터 땅이 얼기 전까지는 뿌리를 포함한 전초를 사용한다.

오이풀 1kg : 황설탕 1kg

오이풀과 설탕의 비율은 1:1이다. 설탕 분량 중 60%는 용기 바닥에 깔아주고, 버무리고, 덮어주는 용도로 사용하며 나머지 40%는 발효 과정에서 2~3회 덮어주는 용도로 쓴다.

1. 오이풀은 꽃, 잎, 줄기 등을 함께 채취해 깨끗이 손질한다.

2. 오이풀 꽃과 잎, 줄기 등을 약 2~3cm 길이로 잘게 썬다.

3. 설탕은 분량의 60%인 600g을 담글 때 사용하는데, 그중 일부를 용기 바닥에 1~3cm 두께로 붓는다 .

4. 7번 과정에서 사용할 설탕을 남겨놓고 나머지 황설탕 모두를 잘게 썰어놓은 오이풀에 넣고 버무려준다.

5. 액이 어느 정도 나와서 설탕이 골고루 묻을 수 있도록 약간 세게 버무린다.

6. 버무린 오이풀을 준비된 용기에 70% 정도만 오게 담는다.

7. 4번 과정에서 남겨둔 설탕을 오이풀이 안 보일 정도로 덮어주고 밀봉한다. 직사광선이 들지 않고 통풍이 잘 되는 곳에서 발효에 들어간다.

여기까지 사용한 설탕 600g

8. 발효가 시작되면 위에 덮었던 설탕이 녹아 점차 사라진다. 이 설탕이 30%쯤 남았을 때 남겨두었던 400g의 설탕을 2~3회 분량으로 나누어 2~3회에 걸쳐 다시 덮어주고 밀봉한다. 이 시기는 기온, 습도 등 환경에 따라 다르므로 관심을 갖고 수시로 들여다보아야 한다.
9. 오이풀의 발효 기간은 6개월 정도이고, 가을에 뿌리를 포함한 전초로 효소 담글 경우엔 7~8개월 정도 발효시킨다.
10. 발효가 끝나면 재료를 걸러내고 원액만 숙성 용기에 담는다. 숙성은 6개월 이상 필요하다. 뿌리 포함한 전초의 경우 1년 이상 숙성시킨다.

포도 효소

"피를 맑게 해주고 항산화 작용과 미백 효과 뛰어나다."

포도는 과즙이 풍부하고 포도당, 과당 등의 당분과 비타민이 많이 들어 있어 피로 회복에 좋다. 스트레스를 풀어주는 구연산, 신진대사를 원활하게 해주는 비타민 A · B1 · B2 · C · D 등도 풍부하게 함유되어 있다.

포도에 들어 있는 영양소들은 우리 몸에 들어와 호르몬 분비를 촉진시키고, 백혈구와 적혈구 등의 활동을 활발하게 하며, 몸속의 독소와 이물질은 분해시켜서 몸 밖으로 배출시킨다. 또한 피를 깨끗하게 해주고 새로운 피를 만드는 작용을 하여 빈혈 예방에 효과적이다.

포도 껍질에는 레스베라트롤이라는 성분이 있는데, 이것은 폴리페놀의 일종으로 항암 및 항산화 효과를 가지며 혈청 콜레스테롤을 낮추는 역할도 한다. 특히 항암 작용이 높이 평가받는 이유는 암의 발생, 촉진, 진행의 3단계를 모두 차단해주기 때문이다. 레스베라트롤은 포도, 오디, 땅콩, 라스베리, 크렌베리 등에 많이 함유되어 있다.

포도는 칼로리가 낮으면서도 포만감을 주며, 몸속에 쌓인 노폐물과 독소는 배출하면서도 다이어트로 인해 부족해지기 쉬운 무기질과 비타민은 충분히 보충할 수 있어 건강한 다이어트를 할 수 있게 도와준다. 또한 칼슘의 흡수를 도와주는 비타민 C와 D가 풍부하게 들어 있고, 뼈를 약화시키는 나트륨의 흡수를 줄여주어 갱년기 여성의 골다공증 예방에도 효과적이다.

포도 씨앗은 간을 보호하는 효능이 있어 숙취 해소에 좋고, 미백 효과가 뛰어나 화장품 원료로도 많이 이용된다. 효소를 담그면 껍질과 씨까지 발효시켜 좋은 성분을 모두 섭취할 수 있으므로 온 가족의 건강을 위해 아주 좋은 방법이다.

❙ 포도 효소액의 효능

· 포도당, 비타민, 구연산 등이 풍부해 피로 회복에 좋다.

· 항산화 작용과 미백 효과 뛰어나 피부 미용에 좋다.

· 피를 맑게 해주고 새로운 피를 만드는 작용을 해 빈혈을 예방한다.

· 칼로리가 낮고 노폐물을 배출시켜 다이어트 효과가 뛰어나다.

❙ 채취 시기

8월 20일부터 9월 20일경의 포도 열매를 이용한다. 일반적으로 많이 먹는 까만색 포도를 사용해도 괜찮다.

포도 1kg : 백설탕 800g

포도와 설탕의 비율은 1:0.8이다. 포도 무게의 50%인 500g의 설탕은 담글 때 사용하며 나머지 300g은 발효 과정에서 2~3회 덮어주는 용도로 쓴다.

1. 채취한 포도를 잘 손질한 뒤 깨끗이 씻어 물기를 제거한다.

2. 설탕은 포도 무게의 50%인 500g을 담글 때 사용하는데, 그중 일부를 용기 바닥에 1~3cm 두께로 붓는다.

3. 물기가 다 마른 포도를 알알이 따서 용기에 담는다. 용기의 70% 정도까지만 오게 담아준다.

4. 5번 과정에서 사용할 설탕을 제외한 나머지 백설탕 모두를 포도에 부어준다. 포도알 사이사이로 설탕이 골고루 스며들기 때문에 버무리지 않아도 같은 효과를 볼 수 있다.

5. 4번 과정에서 남겨둔 설탕을 포도가 안 보일 정도로 덮어주고 밀봉한다. 직사광선이 없고 통풍이 잘 되는 곳에서 발효에 들어간다.

여기까지 사용한 설탕 500g

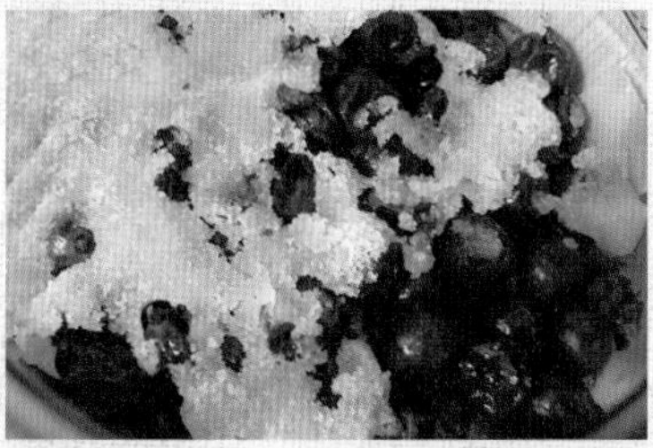

6. 발효가 시작되면 위에 덮었던 설탕이 녹아 점차 사라지게 된다. 이 설탕이 30%쯤 남았을 때 남겨두었던 300g의 설탕을 2~3회 분량으로 나누어 2~3회에 걸쳐 다시 덮어주고 밀봉한다. 이 시기는 기온, 습도 등 환경에 따라 다르므로 관심을 갖고 수시로 들여다보아야 하며, 포도는 수분이 많기 때문에 특히 설탕을 잘 덮어주어야 한다.

7. 포도의 발효 기간은 45일~2개월이다.
8. 발효가 끝나면 재료를 걸러내고 원액만 숙성 용기에 담는다. 숙성은 6개월 이상 필요하다.

걸러내고 남은 포도는?

걸러내고 남은 포도로 술을 담글 수 있다. 포도와 술을 1:5의 비율로 해서 담근 뒤 3개월 뒤에 걸러서 마시면 된다.

삼백초 효소

"장을 깨끗하게 해 피부를 맑게 해주며
피부 트러블을 가라앉힌다."

우리나라 남부 지방의 습한 땅에서 자라는 여러해살이풀로 잎과 꽃, 뿌리가 희기 때문에 삼백초라고 한다. 달걀 모양의 잎이 마디마다 서로 어긋나게 자라는데, 초여름 꽃이 필 즈음에는 꽃 밑의 잎 2~3개가 흰색으로 변한다. 6~8월에 이삭 모양의 꽃이 하얗게 핀다.

삼백초는 변비 치료와 숙변 제거에 탁월한 효과가 있는데 이는 삼백초에 들어 있는 퀘르시트린, 이소퀘르시트린 같은 성분 때문이다. 이 물질들은 이뇨 작용을 하고 피를 맑게 하며, 모세혈관을 튼튼하게 하여 동맥경화 같은 성인병 예방에도 좋은 것으로 알려져 있다.

변비와 숙변을 치료하면 장뿐 아니라 피부까지 깨끗해지는 효과가 있으며, 세균 번식을 억제하는 기능으로 피부 트러블을 가라앉게 해준다. 지성 피부, 여드름 피부, 거친 피부에 사용하면 보습 효과도 얻을 수 있다.

삼백초에 함유된 수용성 타닌은 몸에 쌓인 공해 물질을 씻어내고 세포에 과산화지질이 쌓이는 것을 방지해 노화를 막아준다. 과산화지질이란 불포화

지방산이 산화하여 생기는 것으로, 이것이 심장에 쌓이면 심장 기능이 떨어지고 신장에 쌓이면 신장 질병을 유발하며, 피부 섬유에 쌓이면 주름살과 색소 침착 등을 유발하는 물질이다. 삼백초를 차로 만들어 꾸준히 마시면 모세혈관이 튼튼해지고 혈액 속 콜레스테롤 수치가 낮아져 고혈압, 동맥경화를 예방할 수 있으며 치료 효과도 볼 수 있다. 혈액순환을 좋게 하므로 냉 · 대하, 자궁염, 생리불순 등 각종 여성 질환에도 효과가 있다.

▎삼백초 효소액의 효능

· 변비를 치료해 피부를 맑게 하며, 피부 트러블을 가라앉힌다.
· 노화를 방지해주고, 주름살과 색소 침착을 막아준다.
· 모세혈관을 튼튼하게 해주어 고혈압, 동맥경화를 예방한다.

▎채취 시기

7~8월에는 잎과 줄기, 꽃을 채취하여 쓰고 가을에는 뿌리를 사용한다.

삼백초 1kg : 황설탕 1kg

삼백초와 설탕의 비율은 1:1이다. 설탕 분량 중 60%는 용기 바닥에 깔아주고, 버무리고, 덮어주는 용도로 사용하며 나머지 40%는 발효 과정에서 2~3회 덮어주는 용도로 쓴다.

1. 삼백초 잎과 줄기, 꽃 등 전초를 물에 깨끗이 씻어 그늘에서 물기를 말린다.

2. 물기가 완전히 마르면 약 2~3cm 길이로 잘게 썬다.

3. 설탕은 분량의 60%인 600g을 담글 때 사용하는데, 그중 일부를 용기 바닥에 1~3cm 두께로 붓는다.

4. 7번 과정에서 사용할 설탕을 남겨놓고 나머지 황설탕 모두를 썰어놓은 삼백초에 넣는다.

5. 액이 살짝 스며나와 설탕이 골고루 묻을 수 있도록 손에 힘을 약간 주어 버무려준다.

6. 버무린 삼백초를 준비된 용기에 70% 정도만 차게 담는다.

7. 4번 과정에서 남겨둔 설탕을 삼백초가 안 보일 정도로 덮어주고 밀봉한다. 직사광선이 들지 않고 통풍이 잘 되는 곳에서 발효에 들어간다.

여기까지 사용한 설탕 600g

8. 발효가 시작되면 위에 덮었던 설탕이 녹아 점차 사라지게 된다. 이 설탕이 30%쯤 남았을 때 남겨두었던 400g의 설탕을 2~3회 분량으로 나누어 2~3회에 걸쳐 다시 덮어주고 밀봉한다.

9. 삼백초 전초의 발효 기간은 4~5개월이다.

10. 발효가 끝나면 재료를 걸러내고 원액만 숙성 용기에 담아 6개월 이상 숙성시킨다.

다래 효소

"면역 과민 반응을 개선하는 효과가 있어
아토피 피부염, 비염 등에 좋다."

깊은 산속에서 자생하는 우리나라의 대표적인 야생 과일로, 생김새나 맛이 키위와 비슷하다. 다래의 새순은 봄에 나물로 많이 먹으며, 10월에 황록색으로 익는 열매는 새콤달콤한 맛을 낸다.

다래는 열을 내리는 효과가 있어 감기나 몸살 등으로 열이 날 때 먹으면 가슴 답답증이 완화되고 열이 떨어지는 걸 느낄 수 있다. 특히 어린아이들에게 해열제 대신 다래를 갈아서 먹이면 즉각적인 해열 효과를 볼 수 있다.

최근에는 다래 추출물이 면역 과민 반응을 개선하는 데 효과가 있는 것으로 밝혀져 아토피 피부염, 비염, 축농증, 천식 같은 알레르기성 질환의 보조 치료제로 개발되었다. 다래 추출물이 갖고 있는 면역 과민 반응 개선 기능은 임상 실험을 통해 의학적으로 검증되었으며, 식품의약품안전청에서도 인정을 받았다.

다래에는 타닌과 비타민 C가 풍부한데, 이 성분은 시중에서 판매하는 자양강장제의 주성분이므로 피로 회복에 탁월한 효과가 있다. 또한 타닌은 지방

과 독소 등을 몸 밖으로 배출시키는 기능이 있어 다이어트에 좋으며 비타민 C와 E, 수분, 미네랄 등은 피부 노화를 막아주어 건강하고 예쁜 피부로 가꿔준다. 특히 비타민 E인 토코페롤은 사과보다 6배나 많이 들어 있어, 다래 한 개를 먹으면 우리 몸이 필요로 하는 하루 섭취량을 모두 채울 수 있다.

카로틴과 마그네슘, 철분, 칼슘, 칼륨, 엽산, 나트륨, 인 등이 풍부해 성장기 어린이에게 좋으며, 갱년기 여성의 골다공증 치료에도 효능을 보인다. 만성간염이나 간경화증으로 황달이 나타날 때, 구토가 나거나 소화불량일 때도 효과가 있다. 이뇨 효과가 좋아 손발이 붓는 부종을 개선하며 배변 활동도 원활하게 해준다.

❙ 다래 효소액의 효능

· 아토피 피부염, 비염, 천식 등 알레르기성 질환에 효과적이다.

· 타닌과 비타민 C가 풍부해 피로 회복에 좋고 다이어트를 도와준다.

· 칼슘, 철분이 풍부해 성장기 어린이와 갱년기 여성의 골다공증에 좋다.

❙ 채취 시기

8월 20일부터 9월 20일경에 잘 익은 다래 열매를 따서 쓴다.

다래 1kg : 황설탕 1kg

다래와 설탕의 비율은 1:1이다. 설탕 분량 중 60%는 담글 때 사용하며 나머지 40%는 발효 과정에서 2~3회 덮어주는 용도로 쓴다.

1. 다래는 주로 깊은 산에서 자라므로 씻을 필요 없이 손질만 하면 된다.

2. 설탕은 분량의 60%인 600g을 담글 때 사용하는데, 그중 일부를 용기 바닥에 1~3cm 두께로 붓는다.

3. 깨끗이 손질한 다래를 준비된 용기에 70% 정도 오게 담는다.

4. 5번 과정에서 사용할 설탕을 제외한 나머지 설탕 모두를 다래 위에 바로 붓는다. 설탕이 다래 사이로 완전히 스며들어갈 때까지 잠시 기다린다.

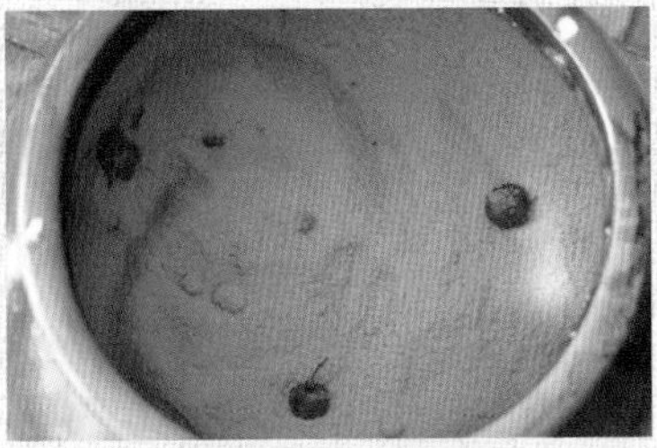

5. 4번 과정에서 남겨둔 설탕을 다래가 안 보일 정도로 덮어주고 밀봉한다. 직사광선이 없고 통풍이 잘 되는 곳에 두고 발효시킨다.

여기까지 사용한 설탕 600g

6. 발효가 시작되면 위에 덮었던 설탕이 녹아 점차 사라지게 된다. 이 설탕이 30%쯤 남았을 때 남겨두었던 400g의 설탕을 2회 분량으로 나누어 2회에 걸쳐 다시 덮어주고 밀봉한다. 이 시기는 기온, 습도 등 환경에 따라 다르므로 관심을 갖고 수시로 들여다보아야 한다.

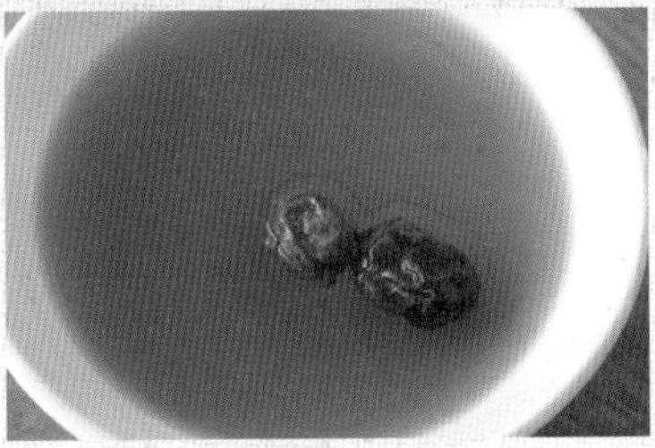

7. 다래의 발효 기간은 약 3~4 개월이다.

8. 발효가 끝나면 재료를 걸러내고 원액만 숙성 용기에 담는다. 숙성은 6개월 이상 필요하다.

걸러내고 남은 다래는?

걸러내고 남은 다래는 버리지 말고 다시 술을 담그거나 차로 마실 수 있다. 걸러낸 다래에 5배의 술을 부어 3개월간 둔다. 다시 다래를 걸러내면 다래주가 된다. 차로 마실 경우, 끓인 물을 미지근하게 식힌 다음 걸러낸 다래를 기호에 맞게 넣어서 우려 마시면 된다.

환삼덩굴 효소

" 혈압 강하 작용으로 고혈압 환자에게 좋으며,
아토피 피부염을 완화시킨다. "

길가나 도랑가, 황무지, 논두렁, 밭두렁, 빈터 등에서 흔히 자라는 한해살이풀이다. 삼과의 덩굴성 식물이라서 농작물과 나무 등을 감고 올라가며 자라고, 줄기와 잎 등에 갈고리 모양의 잔가시가 있어 살짝 스치기만 해도 피부에 상처를 낸다.

가장 많이 알려진 환삼덩굴의 효능은 혈압 강하 작용이다. 7~8월에 환삼덩굴을 채취해 그늘에 말렸다가 가루를 내서 차로 마시거나 달여서 먹으면 혈압이 떨어진다고 하며, 고혈압으로 인한 수면 장애, 두통, 시력 장애, 심장이 답답한 증상에도 효과가 있다. 이른 봄의 여린 순을 살짝 데쳐서 나물로 무쳐 먹는 방법도 고혈압 환자에게 좋다.

이뇨 작용을 도와주어 소변을 잘 볼 수 있게 해주며 아토피 질환, 습진 등의 피부병에 좋다. 환삼덩굴 끓인 물로 환부를 씻어내거나 그 물에 목욕을 하는 방법이 있으며, 벌레 물린 데에 환삼덩굴을 잘 빻아서 환부에 올려두면 가려움증이 가라앉는다.

발효 효소를 담글 때는 환삼덩굴이 사람 허리 높이까지 자랐을 때 위에서 한두 뼘 길이 정도만 잘라서 사용한다.

환삼덩굴 효소액의 효능

· 혈압을 떨어뜨리는 기능이 있어 고혈압 환자에게 좋다.

· 이뇨 작용이 뛰어나 소변을 잘 볼 수 있게 해준다.

· 아토피 피부염, 습진 등의 피부병에 좋다.

채취 시기

4~9월에 환삼덩굴의 잎, 줄기, 꽃을 채취하여 사용한다.

직접 채취할 경우 주의할 점

잔가시가 많아 긁히면 피부에 빨간 생채기를 남기는 풀이므로 채취할 때는 반드시 긴소매 옷과 긴 바지, 장갑을 준비해야 한다.

환삼덩굴 1kg : 황설탕 1kg

환삼덩굴과 설탕의 비율은 1:1이다. 설탕 분량 중 60%는 용기 바닥에 깔아주고, 버무리고, 덮어주는 용도로 사용하며 나머지 40%는 발효 과정에서 2~3회 덮어주는 용도로 쓴다.

1. 환삼덩굴을 손질할 때는 잔가시에 찔리지 않도록 긴 고무장갑을 끼고 한다. 물에 살짝 씻은 뒤 그늘에서 물기를 말린다.

2. 물기가 완전히 마르면 환삼덩굴을 약 5cm 길이로 썬다.

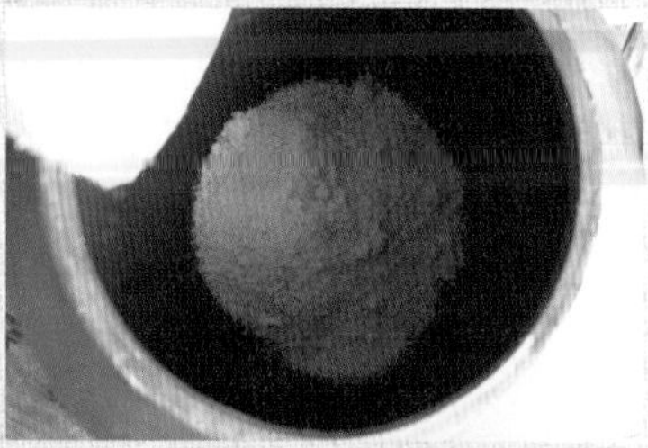

3. 설탕은 분량의 60%인 600g을 담글 때 사용하는데, 그중 일부를 용기 바닥에 1~3cm 두께로 붓는다.

4. 6번 과정에서 사용할 설탕을 남겨놓고 나머지 황설탕 모두를 썰어놓은 환삼덩굴에 넣고 액이 살짝 나올 때까지 버무려준다.

5. 버무린 환삼덩굴을 준비된 용기에 70% 정도 담는다.

6. 4번 과정에서 남겨둔 설탕을 환삼덩굴이 안 보일 정도로 덮어주고 밀봉한다. 직사광선이 없고 통풍이 잘 되는 곳에서 발효에 들어간다.

여기까지 사용한 설탕 600g

7. 발효가 시작되면 위에 덮었던 설탕이 녹아 점차 사라지게 된다. 이 설탕이 30%쯤 남아 있을 때 남겨두었던 400g의 설탕을 2~3회 분량으로 나누어 2~3회에 걸쳐 다시 덮어주고 밀봉한다. 이 시기는 기온, 습도 등 환경에 따라 다르므로 관심을 갖고 수시로 들여다보아야 한다.
8. 환삼덩굴의 발효 기간은 약 6~7개월이다.
9. 발효가 끝나면 재료를 걸러내고 원액만 숙성 용기에 담는다. 숙성은 8개월 이상 필요하다.

환삼덩굴 효소, 약이 되게 먹는 방법

환삼덩굴은 항바이러스 작용을 하는 산야초이다. 요즘 급증하고 있는 아토피 피부염이나 건조증 등을 앓는 사람이라면 아침, 저녁으로 환삼덩굴 효소 원액 30cc를 6개월 이상 꾸준히 음용하면 효과를 볼 수 있다.

벚나무 효소

"피부병에 좋은 성분이 들어 있어
피부 진정 효과가 뛰어나다."

벚나무는 장미과 벚나무속에 속하며 최장 20m까지 자란다. 약 2000종이 전 세계에서 자라고 있지만 우리나라에서 자생하는 벚나무는 약 19종이다. 벚나무 잎은 끝이 매우 뾰족한 피침형으로 6~12cm이고, 양면 모두 털 없이 미끈하나 가장자리에 톱니가 있다. 꽃은 4~5월에 연한 붉은색 또는 흰색으로 피며, 꽃이 지고 나면 열매가 맺혀 6~7월에 검은색으로 익는다.

벚꽃이 만발하는 봄이면 전국에서 꽃 축제가 열리고, 사람들도 여가의 하나로 벚꽃 구경을 가지만, 사실 벚꽃에는 피부 알레르기에 아주 좋은 성분이 있다. 사람들은 인식하지 못하지만 실은 벚꽃의 향기가 몸에 좋은 영향을 주기 때문에 발길이 벚꽃으로 향하는 것이다.

특히 산에서 자라는 산벚나무는 진해, 해독의 효능을 가지고 있으며 적용 질환은 기침, 두드러기, 피부염, 가려움증 등이다.

발효 효소를 담글 때는 벚꽃, 이파리, 벚나무 껍질 등을 모두 이용할 수 있으며 벚꽃만으로 담그는 것도 가능하다. 다만 벚나무 껍질에서는 액이 많이

나오지 않으므로 꽃을 같이 넣어주는 것이 좋다. 벚꽃은 꽃차로도 많이 마시는데 비타민 A와 B, E가 들어 있으며 향이 아주 좋다. 숙취와 식중독에 효과가 있고 천식, 기침 등에도 좋다.

벚나무 잎에는 피부병에 좋은 성분이 들어 있어 땀띠, 습진, 피부병 등이 있을 때 그늘에서 말린 벚나무 잎을 달여서 그 물을 바르면 잘 낫는다.

벚나무 껍질에 있는 사쿠라닌이라는 성분은 기침을 멎게 하고 가래를 없애준다. 또한 살균 작용으로 육류나 어패류에 함유된 각종 세균을 억제시켜 식중독을 예방한다. 피부 진정 효과가 있으며 땀띠나 습진, 발진, 수포에 좋다.

❙ 벚나무 효소액의 효능

· 진해 · 해독 작용이 있어 기침, 피부염, 가려움증 등에 좋다.

· 땀띠, 습진, 피부병을 가라앉힌다.

· 살균 작용과 피부 진정 효과가 있다.

❙ 채취 시기

4월에 벚나무의 잎, 꽃, 껍질로 효소를 만들 수 있다. 특히 벚나무의 꽃과 껍질이 피부에 좋다.

벚나무 잎과 잔가지 1kg : 황설탕 1kg

벚나무 잎과 잔가지로 발효 효소를 담글 경우 비율은 1:1이다. 설탕 분량 중 60%는 용기 바닥에 깔아주고, 버무리고, 덮어주는 용도로 사용하며 나머지 40%는 발효 과정에서 2~3회 덮어주는 용도로 쓴다.

1. 채취한 벚나무 잎과 잔가지를 잘 손질한다. 벚나무 잎은 하나씩 따고, 잔가지는 2cm 길이로 똑똑 분질러 준비한다.

2. 설탕은 분량의 60%인 600g을 담글 때 사용하는데, 그중 일부를 용기 바닥에 1~3cm 두께로 깔아준다.

3. 6번 과정에서 사용할 설탕을 제외한 나머지를 손질해놓은 벚나무 잎과 잔가지에 넣는다.

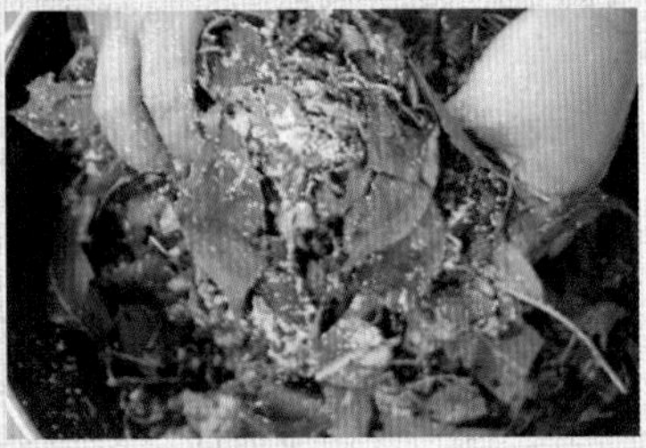

4. 벚나무 잎과 잔가지는 액이 많지 않기 때문에 설탕과 버무릴 때 좀 세게 주물러서 잎 표면에 액이 약간 스며 나오게 해준다.

5. 버무린 벚나무 잎과 잔가지를 준비된 용기에 70% 정도 담는다.

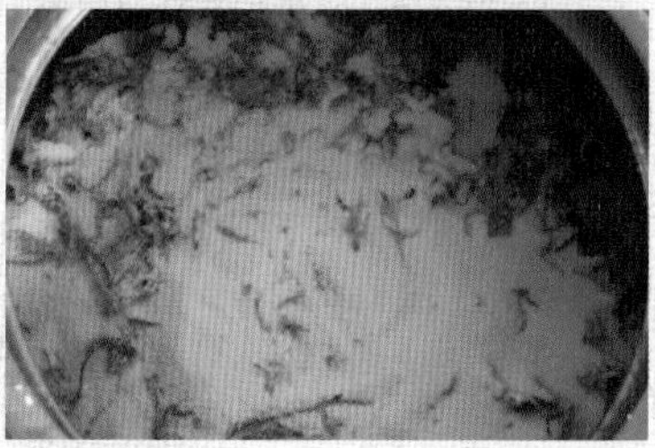

6. 3번 과정에서 남겨둔 설탕을 벚나무 잎과 잔가지가 안 보일 정도로 덮어주고 밀봉한다. 직사광선이 없고 통풍이 잘 되는 곳에서 발효에 들어간다.

여기까지 사용한 설탕 600g

7. 발효가 시작되면 위에 덮었던 설탕이 녹아 점차 사라지게 된다. 이 설탕이 30%쯤 남았을 때 남겨두었던 400g의 설탕을 1~2회 분량으로 나누어 1~2회에 걸쳐 다시 덮어주고 밀봉한다. 이 시기는 기온, 습도 등 환경에 따라 다르므로 관심을 갖고 수시로 들여다보아야 한다.
8. 벚나무 잎과 잔가지의 발효 기간은 4~5개월 정도이다.
9. 발효가 끝나면 재료를 걸러내고 원액만 숙성 용기에 담는다. 숙성은 6개월 이상 필요하다.

비율 알아두기

벚꽃과 벚나무 껍질을 같이 담글 때는 1kg : 황설탕 1kg이며, 발효는 5~6개월, 숙성은 6개월 이상이다.

벚꽃만으로 효소를 담글 경우 벚꽃은 활짝 피기 전 봉우리 상태에서 채취하며, 비율은 벚꽃 1kg : 백설탕 800g이다. 발효는 2개월, 숙성은 6개월 이상이다.

옥수수 효소

"토코페롤이 많이 들어 있어
피부 건조와 노화를 막아준다."

벼과에 속하는 1년생 초본식물로 남아메리카 북부가 원산지이며, 우리나라에는 16세기경 중국을 통해 들어온 것으로 알려져 있다. 5~6월에 암꽃과 수꽃이 각각 피었다가 바람을 타고 수정한 뒤 옥수수 열매가 맺히고, 7~8월에 익는다.

옥수수는 단백질, 당질, 섬유질, 양질의 식물성 지방, 비타민 B1과 B2 등의 비타민류, 미네랄 등이 균형 있게 함유되어 있어 주식 또는 간식으로 사랑받는 곡물이다. 그러나 옥수수에도 몸에 좋은 많은 효능이 있어, 발효 효소로 담그면 큰 효과를 볼 수 있다.

옥수수에는 필수지방산인 리놀산이 풍부해 콜레스테롤을 낮추어주고 동맥경화, 고혈압, 뇌졸중 등 심혈관 질환을 예방해준다. 혈당 강하 작용이 있어 당뇨병 환자에게 좋으며, 비타민 E인 토코페롤 성분이 함유되어 있어 피부 건조와 노화를 막아줄 뿐 아니라 체력 증강 효과도 있다. 풍부한 섬유질은 대장의 연동운동을 촉진시켜 변비를 해결해준다

옥수수를 먹으면 시력 회복에도 도움이 된다. 시력 저하를 막는 루테인 성분이 풍부하기 때문인데, 루테인이란 눈의 망막 중심에 있는 황반의 구성 성분 중 하나이다. 나이가 들거나 장시간 자외선에 노출되면 활성산소가 황반을 손상시키게 되는데, 루테인은 이런 활성산소를 없애고 황반을 보호하므로 시력 회복과 노안 예방에 효과적이다.

이 외에도 옥수수의 알을 달여 마시면 심장에 좋으며, 특히 옥수수 수염은 이뇨 작용이 뛰어나 담과 신장 질환, 간염, 담결석, 황달, 당뇨병 등에 좋다. 옥수수 수염을 달여 꾸준히 마시면 혈압이 안정되어 고혈압 개선 효과가 있으며, 몸속 노폐물들을 빠르게 배출시켜 피부를 매끄럽게 가꿔줄 뿐 아니라 여드름 등의 잡티 제거에도 효과가 있다.

❙ 옥수수 효소액의 효능

· 동맥경화, 고혈압, 뇌졸중 같은 심혈관 질환을 예방해준다.

· 토코페롤이 풍부해 피부 건조와 노화를 막아준다.

· 혈당 강하 작용이 있어 당뇨병 환자에게 좋다.

· 루테인 성분이 풍부해 시력 저하를 막아준다.

❙ 채취 시기

옥수수는 미백이라고 하는 토종 옥수수를 사용해야 좋으며, 완전히 익어 딱딱해지기 전에 따서 사용한다.

옥수수 1kg : 황설탕 1kg

옥수수와 설탕의 비율은 1:1이다. 설탕 분량 중 60%는 용기 바닥에 깔아주고, 버무리고, 덮어주는 용도로 사용하며 나머지 40%는 발효 과정에서 2~3회 덮어주는 용도로 쓴다.

1. 옥수수는 겉의 껍질과 수염을 떼어낸 뒤 알맹이만 준비한다. 옥수수 수염은 따로 분리해 그늘에 말렸다가 달여 마시면 좋다.

2. 옥수수를 약 2~3cm 크기로 잘게 썬다.

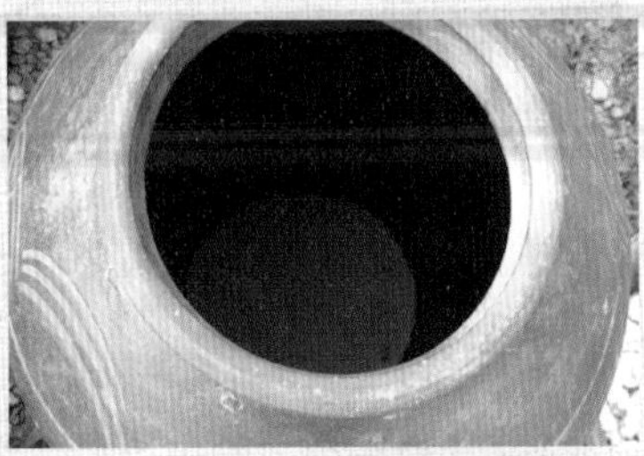

3. 설탕은 분량의 60%인 600g을 담글 때 사용하는데, 그중 일부를 용기 바닥에 1~3cm 두께로 붓는다.

4. 7번 과정에서 사용할 설탕을 남겨놓고 나머지 황설탕 모두를 썰어놓은 옥수수에 넣는다.

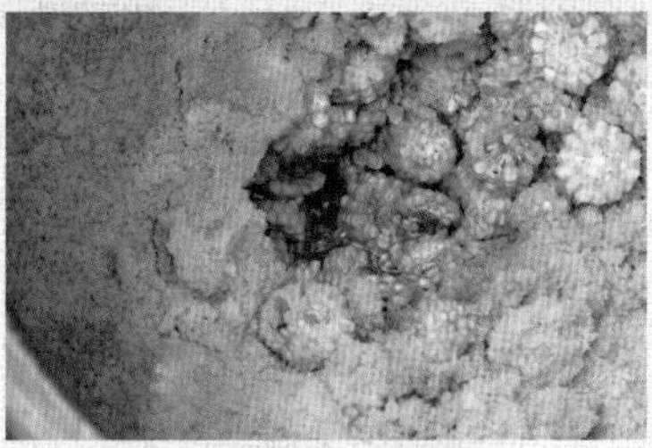

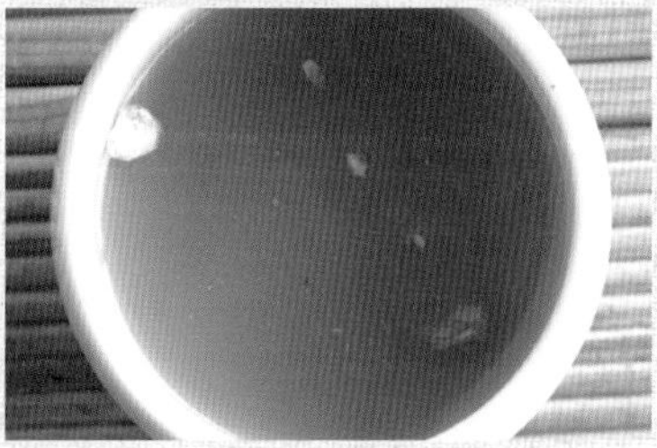

5. 옥수수 알 사이사이로 설탕이 골고루 묻을 수 있도록 세심하게 버무려준다.

6. 버무린 옥수수를 용기에 70% 정도 담는다.

7. 4번 과정에서 남겨둔 설탕을 옥수수가 안 보일 정도로 덮어주고 밀봉한다. 직사광선이 들지 않고 통풍이 잘 되는 곳에 두고 발효에 들어간다.

   여기까지 사용한 설탕 600g

8. 발효가 시작되면 위에 덮었던 설탕이 녹아 점차 사라지게 된다. 이 설탕이 30%쯤 남았을 때 남겨두었던 400g의 설탕을 2~3회 분량으로 나누어 2~3회에 걸쳐 덮어주고 밀봉한다. 액을 많이 나오게 하기 위해 오이를 넣는 사람이 있는데 그러면 부패하기 쉽기 때문에 오이는 넣지 말고, 상태를 주의 깊게 살펴가며 미리미리 설탕을 잘 덮어주어야 한다.

9. 옥수수의 발효 기간은 5~6개월이다.

10. 발효가 끝나면 재료를 걸러내고 원액만 숙성 용기에 담아 6개월 이상 숙성시킨다.

47가지 효소 간단 레시피

* 설탕 분량은 원재료 무게 1kg 기준이므로, 재료를 2kg 준비했다면 2배로, 3kg 준비했다면 3배로 계산하면 된다.
* 원재료는 가나다순으로 정리한 것이다.

효소 종류	설탕 종류	설탕 분량	설탕 사용 방법
가지 효소	황설탕	1kg	담글 때 60%, 먹이로 40% 사용
개똥쑥 효소	황설탕	1kg	담글 때 60%, 먹이로 40% 사용
겨우살이 효소	황설탕	4kg 배 3kg	담글 때 60%, 먹이로 40% 사용
고추 효소	황설탕	1kg	담글 때 60%, 먹이로 40% 사용
곰보배추 효소	황설탕	1kg	담글 때 60%, 먹이로 40% 사용
까마중 효소	황설탕	1kg	담글 때 60%, 먹이로 40% 사용
꾸지뽕 열매 효소	백설탕	800g	담글 때 500g, 먹이로 300g 사용
냉이 효소	황설탕	1kg	담글 때 60%, 먹이로 40% 사용
느타리버섯 효소	황설탕	1kg	담글 때 60%, 먹이로 40% 사용
다래 효소	황설탕	1kg	담글 때 60%, 먹이로 40% 사용
대추 효소	황설탕	800g	담글 때 500g, 먹이로 300g 사용

발효 기간	숙성 기간	효능	본문 보기
여름 3~4개월 가을 4~5개월	6개월 이상	암 예방, 노화 방지, 심혈관 질환 예방, 시력 보호	174쪽
4~5개월	1년 이상	항암 효과, 면역력 향상, 간 기능 회복, 소염 작용	102쪽
7~8개월	1년 이상	암세포 성장 억제, 혈압 강하, 관절염 등에 효과	110쪽
여름 3~4개월 가을 4~5개월	1년 이상	암 예방, 다이어트 효과, 피부 노화 방지, 스트레스 해소	178쪽
5~6개월	1년 이상	기침 및 천식 개선, 아토피 피부염 개선, 해독 작용, 귓속 질병 개선	162쪽
4~5개월	1년 이상	항암 효과, 함염증 효과, 피로 회복, 뇌졸중 예방, 혈액순환 개선	132쪽
2~3개월	6개월 이상	암세포 성장 억제, 노화 방지, 동맥경화와 고혈압 개선	113쪽
5~6개월	6개월 이상	식욕 촉진, 간 질환 개선, 눈의 피로 회복, 혈압 조절	165쪽
3~4개월	6개월 이상	어린이 뼈 발육 촉진, 알레르기 반응 억제, 암세포 증식 억제	202쪽
3~4개월	6개월 이상	아토피 피부염 개선, 비염과 천식에 효과, 피로 회복	232쪽
3~4개월	6개월 이상	성인병 예방, 노화 방지, 불면증 개선	148쪽

효소 종류	설탕 종류	설탕 분량	설탕 사용 방법
도라지 효소	황설탕	1kg	담글 때 60%, 먹이로 40% 사용
돼지감자 효소	황설탕	1kg	담글 때 60%, 먹이로 40% 사용
마늘 효소	황설탕	1kg	담글 때 50%, 먹이로 50% 사용
매실 효소	황설탕	800g	담글 때 500g, 먹이로 300g 사용
미나리 효소	황설탕	1kg	담글 때 60%, 먹이로 40% 사용
민들레 효소	황설탕	1kg	담글 때 60%, 먹이로 40% 사용
배 효소	황설탕	1kg	담글 때 50%, 먹이로 50% 사용
백년초 효소	백설탕	800g	담글 때 500g, 먹이로 300g 사용
백련 효소	황설탕	1kg	담글 때 60%, 먹이로 40% 사용
벚나무 효소	황설탕	1kg	담글 때 60%, 먹이로 40% 사용
복분자 효소	백설탕	800g	담글 때 500g, 먹이로 300g 사용
비트 효소	백설탕	1kg	담글 때 60%, 먹이로 40% 사용

발효 기간	숙성 기간	효능	본문 보기
7~8개월	1년 이상	기침 및 기관지염 개선, 면역력 강화, 해열 효과	154쪽
봄 3~4개월 가을 5~6개월	6개월 이상	당뇨 개선, 다이어트 효과, 변비 개선	142쪽
여름 3~4개월 가을 5~6개월	1년 이상	암 예방, 당뇨 개선, 식중독 예방, 감기 예방	120쪽
2개월 이내	6개월 이상	위장 장애, 소화불량, 해독 작용, 간 기능 개선, 식중독 예방, 숙취 해소	62쪽
4~5개월	6개월 이상	간 질환 개선, 해독 작용, 체내 중금속 배출, 원기 회복, 심혈관 질환 예방	82쪽
4~5개월	1년 이상	간 기능 회복, 변비 치료, 뼈와 근육 강화, 위장 보호	70쪽
2~3개월	1년 이상	기관지 질환 예방 및 치료, 숙취 해소, 면역 기능 강화	198쪽
2~3개월	6개월 이상	변비 해결, 위염 및 장염 치료, 피부 미용, 노화 방지	97쪽
5~6개월	1년 이상	항암 효과, 피부 신진대사 개선, 다이어트 효과	124쪽
4~5개월	6개월 이상	땀띠와 습진 개선, 피부 진정 효과, 피부 가려움증 해소	240쪽
2~3개월	6개월 이상	피부 노화 방지, 불임 개선, 남성 성기능 개선, 간 기능 강화	212쪽
3~4개월	6개월 이상	암 예방, 빈혈 예방, 심장 강화	186쪽

효소 종류	설탕 종류	설탕 분량	설탕 사용 방법
뽕잎 효소	황설탕	1kg	담글 때 60%, 먹이로 40% 사용
사과 효소	백설탕	800g	담글 때 500g, 먹이로 300g 사용
산초 효소	황설탕	800g	담글 때 500g, 먹이로 300g 사용
삼백초 효소	황설탕	1kg	담글 때 60%, 먹이로 40% 사용
삼채 효소	황설탕	1kg	담글 때 60%, 먹이로 40% 사용
생표고버섯 효소	황설탕	1kg	담글 때 60%, 먹이로 40% 사용
소루쟁이 효소	황설탕	1kg	담글 때 60%, 먹이로 40% 사용
송순 효소	황설탕	4kg 배 3kg 창출 5g	담글 때 60%, 먹이로 40% 사용
쇠비름 효소	황설탕	1kg	담글 때 60%, 먹이로 40% 사용
쑥 효소	황설탕	1kg	담글 때 60%, 먹이로 40% 사용
양배추 효소	황설탕	1kg	담글 때 60%, 먹이로 40% 사용
양파 효소	황설탕	1kg	담글 때 60%, 먹이로 40% 사용

발효 기간	숙성 기간	효능	본문 보기
3~4개월	6개월 이상	당뇨 개선, 성인병 예방, 골다공증 예방, 다이어트 효과	138쪽
2~3개월	1년 이상	피부 미용, 피로 회복, 성인병 예방, 변비 해소, 노화 방지	194쪽
6개월	6개월 이상	위장 강화, 식중독 예방, 설사 예방, 살균 작용	78쪽
4~5개월	6개월 이상	피부 트러블 개선, 노화 방지, 주름살 및 색소 침착 예방	228쪽
3~4개월	1년 이상	항암 효과, 피부 질환 개선, 노화 방지, 변비 해소	116쪽
3~4개월	6개월 이상	고혈압 및 동맥경화 예방, 항암 효과, 피로 회복	206쪽
5~6개월	1년 이상	항암 효과, 변비 해소, 피부 미용, 살균 작용	128쪽
2~3개월	1년 이상	동맥경화 개선, 혈액순환 촉진, 니코틴 해독	146쪽
5~6개월	1년 이상	치매와 우울증 예방, 관절염 통증 완화, 아토피 피부염 개선	150쪽
3~4개월	1년 이상	위장 강화, 간 기능 회복, 혈압 조절, 생리 조절	86쪽
3~4개월	6개월 이상	위염, 위궤양 치료, 피부 미용, 다이어트, 동맥경화 예방	74쪽
여름 2~3개월 가을 3~4개월	6개월 이상	동맥경화 예방, 혈당 강하, 인슐린 분비 촉진, 식중독 예방	170쪽

효소 종류	설탕 종류	설탕 분량	설탕 사용 방법
어성초 효소	황설탕	1kg	담글 때 60%, 먹이로 40% 사용
오미자 효소	백설탕	800g	담글 때 500g, 먹이로 300g 사용
오이풀 효소	황설탕	1kg	담글 때 60%, 먹이로 40% 사용
옥수수 효소	황설탕	1kg	담글 때 60%, 먹이로 40% 사용
와송 효소	황설탕	1kg	담글 때 60%, 먹이로 40% 사용
왕고들빼기 효소	황설탕	1kg	담글 때 60%, 먹이로 40% 사용
죽순 효소	황설탕	800g	담글 때 500g, 먹이로 300g 사용
진달래꽃 효소	백설탕	800g	담글 때 500g, 먹이로 300g 사용
참마 효소	황설탕	1kg	담글 때 60%, 먹이로 40% 사용
파프리카 효소	백설탕	1kg	담글 때 60%, 먹이로 40% 사용
포도 효소	백설탕	800g	담글 때 500g, 먹이로 300g 사용
환삼덩굴 효소	황설탕	1kg	담글 때 60%, 먹이로 40% 사용

발효 기간	숙성 기간	효능	본문 보기
4~5개월	6개월 이상	여드름과 아토피 피부염 개선, 신장 기능 활성화, 항알레르기 효과	216쪽
2~3개월	6개월 이상	폐 기능 강화, 간 보호, 혈압 강하, 갈증 해소, 피로 회복	182쪽
여름 6개월 가을 7~8개월	6개월 이상	모공 수축, 주름과 잡티 예방, 설사 치료, 화상 치료	220쪽
5~6개월	6개월 이상	피부 건조와 노화 예방, 심혈관 질환 예방, 시력 저하 예방	244쪽
2~3개월	6개월 이상	암 예방, 노화 방지, 간 기능 회복, 아토피 피부염 개선	106쪽
5~6개월	6개월 이상	간 질환 개선, 면역력 향상, 성인병 예방, 항암 효과	67쪽
2~3개월	1년 이상	장 운동 촉진, 변비 해소, 대장암 예방	94쪽
2~3개월	6개월 이상	가래 제거, 기관지 질환 개선, 월경 조절, 호르몬 분비 기능 강화	158쪽
봄 3~4개월 가을 4~5개월	1년 이상	소화 기능 강화, 설사 치료, 혈당 조절, 피부 미백 효과	90쪽
여름 2~3개월 가을 3~4개월	6개월 이상	피부 미용, 암 예방, 고혈압 및 심근경색 예방	190쪽
45일~2개월	6개월 이상	피부 미백 효과, 피로 회복, 빈혈 예방, 다이어트 효과	224쪽
6~7개월	8개월 이상	아토피 피부염 및 습진 개선, 혈압 강하, 이뇨 작용	236쪽